U0521272

高手复盘

刘新 编著

把经验变成能力
把经历变成财富

电子工业出版社
Publishing House of Electronics Industry
北京·BEIJING

未经许可，不得以任何方式复制或抄袭本书之部分或全部内容。
版权所有，侵权必究。

图书在版编目（CIP）数据

高手复盘 / 刘新编著. -- 北京：电子工业出版社，2025.3. -- ISBN 978-7-121-49489-5
Ⅰ.B848.4-49
中国国家版本馆CIP数据核字第2025HU4466号

责任编辑：王陶然
印　　刷：天津画中画印刷有限公司
装　　订：天津画中画印刷有限公司
出版发行：电子工业出版社
　　　　　北京市海淀区万寿路173信箱　邮编：100036
开　　本：880×1230　1/32　印张：7.5　字数：168千字
版　　次：2025年3月第1版
印　　次：2025年3月第1次印刷
定　　价：58.00元

凡所购买电子工业出版社图书有缺损问题，请向购买书店调换。若书店售缺，请与本社发行部联系，联系及邮购电话：（010）88254888，88258888。

质量投诉请发邮件至zlts@phei.com.cn，盗版侵权举报请发邮件至dbqq@phei.com.cn。

本书咨询联系方式：（010）68161512，meidipub@phei.com.cn。

序 言

一位记者在爱尔兰著名剧作家萧伯纳90岁的时候采访他。

记者问道:"萧伯纳先生,您与世界上很多著名的人物交往过,您认识居住在世界各地的王室成员,世界上享有崇高声誉的作家、艺术家、教师和社会高阶层人士。假如您可以再活一次,可以成为您所认识的,或是历史上的任何人,您会选择成为谁呢?"

萧伯纳想了想,回答说:"我会选择成为萧伯纳本来可以做到,却没有做到的那个人。"

作为1925年的诺贝尔文学奖获得者,萧伯纳可以说功成名就,他仍然觉得自己做得还不够好,成就还不够大。对萧伯纳本人来说,或许这样说更多的是出于谦虚。而对生活中的很多普通人来说,到年老的时候,面对"一事无成"甚至可以说"一无所长"的自己,想着很多"本来可以实现的"理想都成为泡影,难免会"因为虚度年华而悔恨"。用古人的话说,就是"少壮不努力,老大徒伤悲"。

一位哲人说:"人生在世,中年以前不要怕,中年以后不要悔。"这句话是非常有见地的，可以说是人生经验的提炼、智慧的浓缩。应该说，这也是人人都想追求的人生境界。那么怎样才能达到这样的人生境界呢？

最简单、最有效的办法之一，就是经常对自己的人生进行复盘。我们应该在不同的阶段，随时对自己的人生进行反思和总结，结合他人的经验或教训，重新认识社会，重新评价人生的意义，认真思考自己下一步该怎么做，如何发扬优点，减少错误，掌握更多、更好的方法和技巧，不断提升自己的能力，更稳健地朝着理想的人生迈进。

世界上有三种人：第一种人从自己的经验中学习——他们是聪明的；第二种人从别人的经验中学习——他们是快乐的；第三种人既不从自己的经验中学习，也不从别人的经验中学习——他们是愚蠢的，也是将来最容易因为"没把人生的牌打好"而感到后悔的人。

人生就像一部纪录片，我们每时每刻都在拍摄着自己生命的影片。

想象一下，当观看自己所拍摄的影片——《我的一生》的时候，你将会是什么样子？当影片结束时，你将有何感想？你会为主角感到自豪吗？你能在心里肯定主角追求的是正确的目标吗？你会思考到底为什么银幕上的那个人会做出那样的选择吗？你会不会发现自己当时有更好的选择呢？……

为了避免将来遗憾，你应该在今天——人生的每一天，做出必要的努力。

序言

昨天的故事已经结束了，我们日复一日所做出的决定，我们为自己设立的目标，我们为实现目标所付出的行动——这些才会影响今后的故事情节。

那么，我们如何把这部影片拍得更好呢？有一个办法，就是每天都对拍摄出来的影像进行复盘，并思考"我是否做到了我想要做的？如果没有做到，我到底做了些什么？我该怎么重新来过？"好莱坞的影视拍摄者正是这样做的：每天都复盘当天的拍摄情况。

当史蒂文·斯皮尔伯格拍摄一部新的惊险片时，他绝不会先周游世界，拍摄完脚本中需要的每一个镜头，然后再坐下来从头到尾地看每一段胶片。那种拍电影的方法非常危险。斯皮尔伯格知道，如果那样做，可能直到整个拍摄过程结束，他才会发现一幕中的情节与另一幕中的对不上号——那时候再后悔"为什么我在苏门答腊岛和演职人员在一起的时候，没有发现和纠正这个错误？"就已经太晚了。

直到最后一分钟才去检查整部影片是很危险的。因此，一位好的导演，每天都会检查样片。这个原则同样适用于我们每个人的生命影片。如果直到最后你才查看自己的样片，那么你是不可能拍出一部好电影的。

一个试图避免一辈子庸庸碌碌的人，要学会每天对自己的生活进行复盘，问自己："今天发生了什么？什么促使我向目标前进？什么让我离自己的目标越来越远？哪些做法是必须纠正的？怎么去纠正？什么是有效的？我如何使那些有效的行动继续下去？我今天从生活中得到的最大的教训是什么？我从这个教训中学到了什么？我该怎样才能做得更好？"

林徽因说："生活中，任何一段经历都是一笔财富，都是一笔收获。"任何一段经历，不管是成功的还是失败的，不管是快乐的还是痛苦的，都是我们人生中的财富，都可以成为提高我们能力的武器，只要我们坚持复盘、善于复盘，就可以做到这一点。

"经常"和"随时"复盘是非常重要的。在头脑中将过去所做的事情重新"过"一遍，经常回顾、检视、反思过去，你才能把经验变成能力、把经历变成财富，减少盲目的行动，做正确的事，正确地做事，享受"青春无悔、中年无怨、老年无憾"的人生。

目 录

第一章　让偶然的成功变为必然

复盘比总结更加系统、深入　002
复盘是提升自我的神奇工具　006
复盘必须准确把握的五个关键词　012
我们可以通过四个步骤进行复盘　018
把复盘变成一种生活习惯　026
正确的做事方法比持之以恒更重要　027
约束自己，去做正确的事情　033
积极学习和借鉴成功者的经验　036
复盘和模仿是非常有力的工具　037

第二章　用足够的反思去探索自己

认识自己是探索的开始　042
像照镜子一样自我反省　050
别人的建议只能用来参考　054

为自己找到成功型的性格　057
发现和发展自己的长处　060
采取令人振奋的自爱行动　066
别逃避自己能做得很好的事　069
找到自我鼓励的有效方法　072

第三章　仔细规划自己未来的人生

为自己制定一份"一生的志愿"　078
清晰的目标有助于把握自己的命运　086
为自己制定合适的生活目标　090
多花时间去获得最有价值的本领　099
让自己的心灵自由翱翔　105
规划人生是一个动态调整的过程　109
为目标制订有效的行动计划　113
按照计划一步一步靠近目标　118
有意识地不断提升自己的能力　122

第四章　把进步变成一种生活习惯

真正的成功绝不是侥幸可以得到的　126
用好习惯取代不良的习惯　129
一定不能忽视对知识的学习　131
善于利用时间比善于利用财富更重要　135

目录

先做那些重要且紧急的事情　140
克服日常浪费时间的坏习惯　145
别把拖延当成无所谓的小瑕疵　149
你的生活不应该是单调的重复　152

第五章　改变对失败的看法

在失败中看到成功的因素　158
暂时没有成功不等于失败　160
从失败中复盘出更聪明的方案　163
积极寻找解决问题的方法　169
不断开拓富有创造性的方法　176
为自己赢得更多的机会　182
相信一切事物皆有规则　189

第六章　重塑对生活的态度

我们在生活中该追求些什么　198
利用有意识的动作改变心情　202
避免和战胜失望情绪　206
别让忌妒心理影响你的心情　209
怨天尤人消除不了不公平现象　214
陶醉在工作中　216
学会享受简朴、单纯的生活　221

XI

第一章

让偶然的成功变为必然

棋手们在下完围棋后,经常进行回忆,把对弈过程重新摆一遍,分析哪里下得好、哪里下得不好,思考下次下棋的时候需要注意的地方,从而使自己的棋艺取得较快进步。中国人早就认识到了复盘的好处,"前事不忘,后事之师""吃一堑,长一智",因此愿意"吾日三省吾身"。万事皆可复盘,所有的人通过复盘都能积累经验、提升能力,进而改变人生。

高手复盘

● 复盘比总结更加系统、深入

唐宋八大家之一的苏轼写过一篇名为《河豚之死》的寓言故事。

有一种鱼叫河豚,小脑袋,生气的时候肚子会变大,喜欢在河水里到处游荡。一天,它在一座木桥的柱子之间游来游去的时候,不小心一头撞在桥柱上。它不管自己不小心,也不去想只要远离桥柱就能避免被撞,只是生气地怨恨、责怪桥柱,气得张开两鳃、鼓起肚子,在水面上漂浮着一动不动,说什么也不肯游走。就在它瞪着血红的眼睛想着怎么跟桥柱算账时,一只正在空中盘旋觅食的老鹰发现了它,飞过来,伸出利爪,撕裂它的肚皮,把它吃掉了。

显然,苏轼清楚地认识到了河豚的错误。它自己不小心撞上了桥柱,却不知道反省自己、责备自己,不去改正自己的错误,反而恼怒别人,结果白白丢掉了自己的性命。难怪古人要说:"行有不得,反求诸己。"

这个故事是发人深省的。它深刻地揭示了自我反省、及时纠偏的重要性——而这些,就是通过复盘进行的。苏轼本人在这方面的一些做法是非常值得我们研究和借鉴的。

1079 年(元丰二年),刚刚调任湖州知州的苏轼就职后,按照惯例给皇帝写了封感谢信——《湖州谢上表》,却被监察御史告发，说他"愚弄朝廷，妄自尊大""衔怨怀怒""指斥乘舆""包藏祸心"……如此大罪可谓死有余辜。后来，苏轼在御史台狱受审。御史台中有柏树，很多乌鸦栖居其上，所以御史台又被称为"乌台"，这一案件被称作"乌台诗案"。

苏轼下狱后生死难测，在长达上百天等待最后判决期间，一日数惊。这段时间，他对自己此前四十余年的人生进行了回忆、反思和总结，重新认识社会，重新评价人生的意义，对于"如果一切能够重来，自己该怎么做"进行了深入思考。用现在的话说，就是进行了复盘。

在孤独寥落中，苏轼开始深刻反省自己一直以来的所作所为。他不止一次地懊悔："我年轻的时候喜欢议论古人，随着年龄的增大，涉世渐广，才经常会对自己的过分言论感到后悔。""另外我想，一切的祸患都源自名过其实，这些是上天也不能忍受的，这与无功受禄是一样的罪过。"

通过自我反省，苏轼认识到自身最大的毛病、致命的缺点就是缺少自知之明，常常过于显露、炫耀自己。然而，正是通过这种脱胎换骨式的自我反省，苏轼去掉了一身傲气，养成了稳健浩然和敢于正视自我的旷达之气，从而实现了一次人生的飞跃。

所幸最后苏轼只是被贬黄州。从此，他一改轻狂、自负、刻薄的性格，变得亲切宽和、成熟冷静。

在生活态度方面，他不再执着于"奋厉有当世志"，而是"小舟从此逝，江海寄余生"。面对起伏的人生，他风轻云淡地写出了"一蓑烟雨任平生""也无风雨也无晴"等词句。

六七年后，他被提拔为翰林学士……

这个故事生动地展示了复盘对一个人的重要性。"复盘"原本是围棋术语，本意是下棋的人在下完一盘棋之后，重新在棋盘上把对弈过程摆一遍，分析哪些地方下得好、哪些地方下得不好、哪些地方可以有不同或者是更好的下法等。这个把对弈过程还原并且进行研讨、分析的过程，就是复盘。通过复盘，棋手可以看到全局以及整个对弈过程，了解棋局的演变，研究假如可以悔棋，在某一步如何落子能够增加获胜的机会，总结出适合自己对弈不同对手的套路，或者找到更好的下法，从而提升自己的棋技。

后来，复盘被应用到炒股、管理、经营、军事、工作和生活的各个领域。

股市中的复盘就是在股市收盘后再静态地看一遍市场全貌。针对白天动态盯盘时来不及观察、总结等情况，我们可以在收盘后审视各个环节，以便更加了解市场的变化，进而预测大盘未来的走势，得出某些可能的结论，以指导自己下一步的操作。复盘的核心是反省与学习，我们可以通过总结过去成功的经验和失败的教训，启发和指导未来的投资活动，从而减少可能出现的错误。

在企业管理中，复盘是从过去的经验和实际工作中学习，从而有效地总结经验，铲除前进道路上的绊脚石、拦路虎，提升能力，改善绩效，解决"接下来怎么办"的问题。

李·艾柯卡（Lee Iacocca）在他的自传中描述了这样一种习

惯：星期天的晚上，当他和自己的家人在客厅里聊天时，他会把自己过去一周所取得的成绩与原先的计划进行对比，也就是对自己过去一周进行一次复盘，并分析接下来的一周有哪些地方需要改进、哪些做法应该坚持。

万事皆可复盘。我们可以对一个项目、一项工作、一次活动进行复盘，也可以对一件事、一个人、一个想法进行复盘。在生活中，对于接待一次客人、购买一件商品、做一桌饭菜、烘烤一个面包、制作一杯冷饮等，我们都可以进行复盘。

也许有些人会问："我们可不可以对他人的事件进行复盘呢？"答案是肯定的。对他人的事件进行回顾、研究，并从中学习，这种做法类似于"案例研究"，是非常重要的一种复盘方式。"读万卷书，不如行万里路；行万里路，不如阅人无数。""他山之石，可以攻玉。"复盘他人是件非常划算的事情，因为这样做既可以借鉴他人优秀的思维和方法，也可以避免他人犯过的错误。

无论是书籍中的成功案例、影视作品中的故事，还是别人的做法、说话方式、处世之道，只要善于观察、思考或重现其过程，我们就能得到启发、开拓思路。对于他人的经验或教训，我们可以借鉴和学习，从而指导自己的生活和实践。

在复盘的过程中，当然少不了总结这一环节。然而，复盘并不等同于总结，它比总结更加系统、深入，在目的和效果方面的要求也相对更高。

总结是对一定时期的工作或某个事件的梳理、汇报（每个人依照自己的习惯和印象，对已经发生的事件、行为及结果进行回顾、描述），通常没有固定的模板和结构，并不必然包括对目标与事实差异原因的分析，以及总结经验、提出改进措施或方案等要素。而复盘具有明确的结构与要素，必须按照特定的步骤操作，即我们不仅要回顾目标与事实，也要对差异的原因进行分析，总结经验与教训，还要提出努力或改进的方法，这样才算是一次完整且有意义的复盘。

一般的工作总结往往以陈述自己的典型做法或成绩为主，不提或少提缺陷与不足，通常不需要考虑改进措施。而复盘是以学习为导向的，目的是从别人或自己的经历中反思和学习，因此必须有适宜学习的氛围和机制，包括忠实地还原事实、以客观的心态分析差异、反思自我，从而学习经验或吸取教训，找到改进的方法。

对大多数人来说，复盘是提升自己的能力、把经历转化为财富必不可少的环节。就像苏轼那样，在头脑中将过去所做的事情重新"过"一遍，给自己一个回顾、检视、反思和探究过去行为的机会，了解自己以前的行事方法——有哪些好的做法可以坚持、有哪些问题需要改进，并考虑如何改进，以便掌握更多的方法和技巧，在未来采取更明智的行动，使办事更加高效顺利，取得更好的效果。

◉ 复盘是提升自我的神奇工具

你对射击感兴趣吗？你想了解射击时百发百中的窍门吗？

我们不妨先看看奥运会男子小口径步枪冠军兰尼·巴沙姆有什么体会。

一到靶场,你会发现靶心看上去只是一个小黑点,跟蚂蚁差不多大。但是,你必须尽可能地击中这个小黑点,才能取得射击比赛的胜利。

所以,你必须学会控制自己,做到纹丝不动、全神贯注。你要在距离50米以上的地方瞄准目标,并击中它,而目标比一枚硬币还要小得多。

为了做到纹丝不动、全神贯注,在比赛前12小时你就要停止进餐。否则,肠胃的蠕动可能会影响射击的准确性。当然,最重要的还是学会控制呼吸——注意是控制,不是抑制。如果长时间屏住呼吸,你会因缺氧而导致身体摇晃。因此,学会控制呼吸非常重要。

另外,如果脉搏跳动的幅度大了,也会引起身体的抖动起伏,从而影响击中目标的概率。因此,你必须通过艰苦的长跑训练,努力将每分钟的心跳次数降下来。最理想的状态是使自己的心率保持在每分钟60次左右,这样才能确保两次心跳之间有1秒钟间歇——这是瞄准目标后扣动扳机的绝佳机会。

在经过上述细致、严苛的训练后,你就能控制身体的移动了。但这还只是技术方面的要求,是远远不够的。为了取得理想的成绩,你还必须学会控制场上的情况,学会判断复杂的比赛环境,包括风向、风速、雾气,以及周围的声音……

把这一切做得完美无缺了,你也只有80%的把握。为了提高胜算，你还必须学会稳定心神，做到全神贯注，不能有丝毫的抖动，哪怕是非常轻微的也不行。所谓"毫厘千里"，即使手只发生 0.005 毫米的微小抖动，射出去的子弹也会偏离靶心，落入外面的一环；再稍大一点点，就会导致脱靶。

之所以有这么具体、全面、准确的射击术精髓总结，要归功于巴沙姆在多次射击训练和比赛后进行了精心总结和复盘。这也是他多次取得比赛冠军的秘诀。

一位被哈佛大学选入工商管理课程案例的知名电脑公司的创始人，在回顾和总结创业经验时，觉得自己的最大优势就是爱复盘。他说："我对自己的评价是，智商中等偏上，情商较高，和别人比也不是有特别巨大的优势。那我的优势是什么呢？是勤于复盘。"

在日常生活和工作中经常进行复盘是一种好习惯。具体来说，有如下一些好处。

1. 提高办事效率

"磨刀不误砍柴工"，通过对一件事、一项工作进行复盘，我们不仅可以了解自己在哪些地方做得好、哪些地方做得不好、如何改进，还可以了解哪些投入是必需的，哪些投入是无关紧要、可有可无的。这样在下次做的时候，我们就可以采取正确或更加科学的方法，提高办事效率。

2. 避免偏离目标

在做事时，人们常常会不知不觉地把"过程"当成"目标"。比如，有些人在开车的时候一味地追求"畅通"，哪条路车少就选择哪条路,却因为方向出现偏差,耗费了更多的时间,跑了很多冤枉路,结果迟迟达不到目的地,可谓欲速则不达。如果刚走一小段路,我们就通过导航系统复盘走过的路,则很容易发现问题,从而及时进行纠偏。

有些商家在做营销的时候,为了获得竞争优势,投入过多的资金做广告,或拼命压低价格,而不及时进行成本核算和盈利分析,最后只能面对"赔本赚吆喝"的结果。如果他们每天都能进行盘点与核算,就能避免这种不适当的行为。

就像人走得远了,很难保证一直沿直线前行一样。工作推动久了,也容易出现一些方向偏差,或出现一些干扰工作方向的不利因素。一旦方向跑偏,再怎么努力也很难到达目的地。而复盘的过程,实际上就是对工作方向进行调整、对既往工作进行排查和"体检"的过程。

复盘的内容有对目标和结果的回顾,也有对过程的分析。我们要时刻关注自己的方向是否正确,如果不正确,则要及时做出调整。

3. 及时发现问题,避免重复犯错

通过及时有效的复盘,我们可以"让偶然的成功变为必然,不在同一个地方跌倒两次"。总结成功的规律、经验和做法可以优化流程,提高胜算。在分析失败的原因时,我们应多找主观原因,分析主观上哪些地方做得不好、哪些地方需要改进,减少主观方面的错误,避免重蹈覆辙。

比如,我们在练习唱歌的时候,为了纠正跑调的问题,可以

> 高手复盘

使用 K 歌软件，通过音频回放，对照智能打分和评判系统，找出声调不准的部分，按照系统提供的参考标准去反复练习，直到达标为止。这样，我们就能很快取得较好的效果。这就是利用复盘避免跑调、提高音准的案例。

在工作中，通过复盘、回溯过程，我们可以找出以前一些做法的缺陷和问题，做到"吃一堑，长一智"，避免以后在同样的地方再犯错误，从而有效提高后续工作的效率和成功率。

对于复盘过程中发现的问题，我们即使不能一下子完全解决，也能想办法将其弱化，把它们在工作中造成的不良影响降到最低。对于工作中的优势和有利面，我们则可以通过复盘进一步将其优化、强化，实现其价值最大化。

4. 提炼经验，固化流程

我们通过对火灾及救援过程进行复盘，可以形成消防应急预案，以便在发生火情时进行快速、科学、有效、有序的处置，最大限度地减少灾害损失。

经验丰富的空管和驾驶人员通过对无数次飞行任务进行复盘，并经过缜密的思考，明确了飞机起飞前必须执行的流程，形成了一份起飞前动作审查清单，从而最大限度地保证安全起飞。

几乎所有的工作流程、安全规范、应急预案、操作指南等，都是经过复盘产生的。无论是炒菜、烤蛋糕，还是写总结，我们都可以通过复盘形成经验或模板，以便将同样的事做得更加完美和更有效率。

5. 提升自我，改变人生

复盘是对过去做过的事进行梳理和分析，是对经验、教训的有效提炼和归纳。我们通过复盘可以明确适合自己的、具备一定通用性的程序、方法、方案，以及禁忌和注意事项。这对于提升自我能力甚至是改变人生非常有帮助。

三国时期，徐州是块肥肉，袁术、曹操、吕布都对徐州垂涎已久，想占领徐州，进而问鼎天下。

当时，刘备在徐州担任最高长官。他的战略意识不强，又处在这样复杂的环境中，大战大败，小战小败，被打得头破血流、鼻青脸肿。最后，刘备丢了徐州，狼狈地逃到了刘表那里，从此远离了中原大地。

当时，42岁的刘备蜗居在一个小地方，可以说一事无成，但是非常痛苦的他，并不想"躺平"。

在徐庶的建议下，刘备三次到隆中拜访诸葛亮，于是有了历史上著名的《隆中对》。从某个角度来看，《隆中对》可以说是复盘的典范。

刘备是从自身的角度进行反思和复盘的："我不能衡量自己的德行能否服人、自己的力量能否胜任，我想要为天下人伸张大义，然而我的才智与谋略短浅，多次失败，弄到今天这个局面。但是我的志向到现在还没有改变，您认为该采取怎样的办法呢？"

诸葛亮复盘的站位很高，是从天下和全局的角度出发的："自董卓独掌大权以来，各地豪杰同时起兵，占据州、郡的人数不胜数。曹操与袁绍相比,声望少之又少,然而曹操最终之所以能打败袁绍,凭借弱小的力量战胜强大的对手,不只是因为运气好,还因为其谋划得当……"

他不仅清楚地界定了"不可争""不可图"与"可争""可图",还提出了"争"与"图"的具体步骤和实施方案。

任何战略都离不开对自身实力和所处情境的分析与论证。善于审时度势的诸葛亮,在对天下形势进行复盘之后,提出了"先取荆州为家,再取益州成鼎足之势,继而图取中原"的战略构想。

"听君一席话,胜读十年书",经过一番复盘,刘备的能力很快就提高了。按照诸葛亮的建议,在60岁的时候,刘备实现了自己的理想。他称帝为王,建立了蜀汉政权。这就是成功复盘带来的神奇效果。

如果你对现在的人生、现在的生活并不是很满意,甚至感到迷茫和无助,千万不要灰心丧气或者轻易选择"躺平"。一个人的命运不会因为抱怨而变得更好。在很大程度上,你的人生是掌握在自己手里的。你可以通过复盘去努力创造你想拥有的人生,从而成为你想成为的人。

请记住这样一个公式:不满意 + 复盘 = 成功的人生。

复盘必须准确把握的五个关键词

在不同的场合下,不同的人,需要进行复盘的目的和所期望达到的结果是不一样的。我们要理解复盘的精髓、巧妙地把这种方法应用到恰当的地方，必须准确把握五个关键词：经历、过去、总结、学习和提升。

1. 经历

自身或他人见过、做过或遭遇过的事就是经历。人的一生都在不断经历着喜怒哀乐。在《隆中对》的复盘中，刘备说自己"才智与谋略短浅，多次失败，弄到今天这个局面"。

"穷则思变"，人需要经历一些痛苦和挫折。这些痛苦和挫折可以是感情上的打击，可以是事业上的失败，也可以是生活中的磨难。只有经历过痛苦和挫折，我们才能明白人生的不易，才能理解生活的真谛，从而激发改变的意愿，真正地成长。

同样，经历也可以是喜悦和感动。这些喜悦和感动可以来自自然风光和音乐等艺术领域中的美感与享受，也可以来自亲情、友情、爱情等人际关系中的温暖和关爱。只有经历过喜悦和感动，我们才能真正地理解人生的美好和价值。

思考和反省也是人生的重要经历。这些思考和反省可以是对人生意义的探索，可以是对社会现象的反思，也可以是对自己行为的检视。只有经历过这些思考和反省，我们才能深刻地认识到自己的优点和不足，从而校准自己的人生目标和努力方向。

经历越多，懂得越多。我们走过的路、见过的人、路过的风景，都是我们人生独一无二的经历，更是我们的宝贵阅历。

2. 过去

在《隆中对》的复盘中，诸葛亮分析的是"自董卓独掌大权以来……",遵循的基本原则是"回顾过去,立足现在,展望未来"。

有一部苏联老电影叫《列宁在1918》,列宁在对工厂工人发表演说时讲过这样一句话:"千万不要忘记过去,忘记过去就意味着背叛。"西班牙哲学家桑塔亚纳(George Santayana)也说过:"凡是忘记过去的人注定要重蹈覆辙。"

过去的经验是指引未来的良师。《战国策》中有这样一句名言——"前事不忘,后事之师",告诫人们应当牢记以前的经验教训,作为今后行事的借鉴。复盘的精髓,就在于通过对"过去"的事件进行回顾、分析和总结,提出下一步的行动措施和方案。

我们在生活中会经历很多事情,有些是美好的,有些是不愉快的。无论是好是坏,这些经历都是我们成长的宝贵财富。如果我们能够从中总结经验教训,这些经历就会成为我们未来的指引,帮助我们更好地应对未来的挑战、更好地实现自己的目标。

过去的经历无疑会影响我们的现在和未来。成长就是和过去的自己告别,不断地发展和变化,使自己真正成长起来,成为一个更好的自己。只有那些懂得从过去的经历中学习的人,才能不断进步,不断提高自己的能力,不断追求更高的境界。

我们要停止抱怨,停止责怪自己或他人,接受自己的不完美和缺点,并意识到我们的经历是我们成长的一部分。我们可以通过深入了解自己过去的处境和内心世界,找到自己的弱点和错误,并为自己制订一个新的成长计划。

如果感觉自己做不好,我们可以寻求支持和帮助,就像刘备三顾茅庐向诸葛亮请教一样。我们可以与家人和朋友分享感受，获得他们的理解和支持，听听他们的意见和建议。

总之，我们应该经常回顾和分析过去的经历，将过去的经验和教训作为指引，避免陷入重复犯错的困境中，不断提高自己的能力，从而实现自己的目标。只有这样，我们才能走得更远、更高、更快。

3.总结

在《隆中对》中，诸葛亮界定了"不可争""不可图"与"可争""可图"，提出了"争"与"图"的具体步骤和实施方案，其中的要素就是"总结"。

日常生活中，我们经常接触的是工作总结。工作总结是对一定阶段内的工作进行分析和研究，肯定成绩，找出问题，得出经验教训，摸索事物的发展规律，用于指导下一阶段工作的材料。工作总结的过程，就是对某段工作实施结果进行评估的过程。我们通过回顾、分析某项工作实施过程中的成功经验和失败教训，可以找出规律，形成理论。工作总结是由感性认识上升到理性认识的必经之路。通过工作总结，我们可以使零星的、肤浅的、表面的感性认识上升到全面的、系统的、本质的理性认识，找出工作和事物发展的规律，从而掌握并运用这些规律，指导今后的工作，使自己能够明确努力的方向，少走弯路，少犯错误，提高工作效率和效益。

总结不一定要有很系统的结构，也不一定要形成书面报告。生活中的很多事，都离不开总结。很多司机开车都有自己的一套方法，比如怎么超车、什么时候刹车、如何避让等，几乎每位司机都能说出自己的一番道理。这些道理就是在总结的基础上产生的。根据这些道理，司机开起车来就会感觉更加安全、高效。这种总结也是复盘的重要组成部分。

我们在培养复盘习惯和进行复盘的时候，要特别重视总结，并把它当作自我提高的一种自觉行动。

4. 学习

复盘的本质是从过去的经验中学习，但大家对"什么是学习"仍存在诸多理解上的差异。笔者认为，通过各种可能的途径，获取一切知识或信息，并选择其中的一些内容来指导自己的生活，这就是学习。简单地说，学习是一个把经验转化成行为的过程。《隆中对》中诸葛亮的分析固然精彩、总结固然到位、对策固然高明，但如果刘备不去学习、不去领会、不去采纳，那么所有前期复盘的努力就都白费了。

人的能力是有限的，有时候我们很难从自身的角度找到解决问题的方法。借鉴他人的经验，能够帮助我们拓宽思维的广度，从不同的角度看待问题。

虚心是学习和借鉴的前提，只有保持开放的心态，我们才能吸收他人的优点和经验。在借鉴他人的经验时，我们还要能够辨别哪些是适合自己的、哪些是需要改进的。只有这样，我们才能更好地将他人的经验运用到我们的实践中去。借鉴他人的经验只是起点，将其转化为自己的知识和技能才能让复盘真正发挥作用。

借鉴他人的经验和方法，能够让我们少走弯路，节约时间和精力。假设一个人想要成为一名优秀的厨师，那么他只有通过学习别人的烹饪技巧和经验，才能更快地提升自己的技能。这一点在各个领域都适用。无论是在学术界还是在商业领域，人们都可以从他人身上学到宝贵的经验。

我们可以对自己的经历进行复盘，也可以对别人的经历进行复盘；可以自己进行复盘，也可以寻求别人的帮助和指导。只有采取正确的复盘态度、不断地学习和借鉴，我们才能不断提升自己的能力和水平，获得更多的机会，提高成功的概率，才能在这个竞争激烈的社会中立于不败之地。

5. 提升

一个人成长的速度，往往不取决于他的学习速度有多快，而取决于他能够把多少通过复盘获得的理论或经验，转化成自己的行动，进而转化成自己的能力和财富。对个人来说，复盘的最终目标是全方位地提升自己，提高自己的生活品质。

有的人"奔波了大半辈子，看了很多书，听了很多道理"，却依然一无所成。这是为什么呢？事实证明，仅仅依靠读书、听别人教诲、整天忙碌，并不能提高一个人对这个世界的认知。

学习只是获得知识的方法，复盘才是真正将知识转化为提升自己能力的工具。在复盘中，我们要检验自己对这个世界的认知是否存在偏差、是否真正理解了事物的本质，从而找到更加有效的做事方法和技巧。只有经过复盘和实践后所得到的知识，才能真正融入我们的头脑，提升我们的能力，改变我们的人生。

复盘是非常有效的，也是非常有用的，但是它做不到"一劳永逸"。复盘是一个过程，而不是结果。要想取得真正的效果，我们必须反复实践。我们应该将复盘中得到的知识应用到实践中，获得各种反馈，再复盘这些获得反馈的过程，弄清楚自己做得好不好、哪些地方还有不足，以此来改进自己的行为。也就是说，我们要通过反复实践，获得反馈，继而积累经验，不断调整行动，从而提升能力。

具体可参考下图所示的流程。

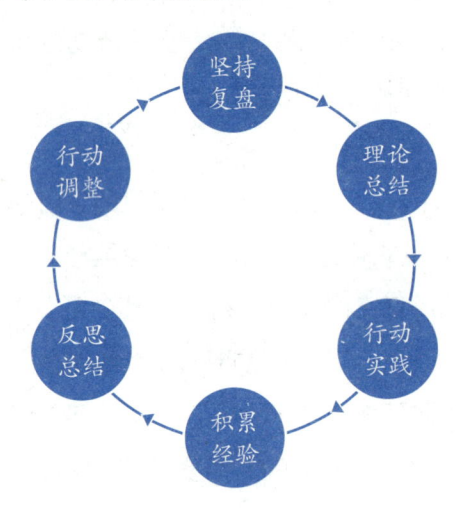

坚持复盘 → 理论总结 → 行动实践 → 积累经验 → 反思总结 → 行动调整 → 坚持复盘

⦿ 我们可以通过四个步骤进行复盘

我们做过的每一件事情，都是可以复盘的。无论是做事还是做人，通过复盘，我们都可以改进方法和提高能力。

虽然不同的工作、活动、事件的复盘目的和要求不同，但是在实际操作中，我们都可以采取"复盘四步法"——回顾目标、对照结果、分析原因和总结经验。

1. 回顾目标

回顾目标，就是回顾当初的目的或期望的结果是什么。

我们在复盘的时候，要想清楚当初做这件事的目的、期望的结果是什么。工作做得好还是不好，更多地取决于现实的执行路径与预定目标的偏离程度。全面回顾目标、检视计划，既是复盘的重要内容，也是我们在后面的工作中查漏补缺的基础和前提。

我们在复盘的时候，要注意思考哪些是重要的、值得特别关注的事件，采取的哪些举措是与目标不相关的、不必要的、可以省略的。

复盘的目标有大有小，其结果可以是复杂多样的。比如，复盘的目标可以是获得理想的人生、满意的职业、美满的婚姻、幸福的状态、快乐的心情、良好的习惯、健康的身体，也可以是制作一份创业计划、购物清单，甚至可以是成功烤制一个蛋糕。

对目标来说，最好有方便评估的明确指标。比如，具体的数字、明确的截止时间、易操作且客观的评定参数等。

比如，针对你理想的人生目标中"住"的要素，与其将它描述为"一套大房子"，不如将它描述为"五环内一套100平方米以上的商品房"更加具体明确。同样，"40岁时实现财务自由"，不如"40岁时无外债、有50万元以上存款"具体明确。

我们在回顾目标的时候，为了方便后续操作，一定不要忽视这些可量化的细节。当然，我们也不能以偏概全、因小失大，关键是要全面把握核心目的和初衷。

反过来，通过复盘，我们也应该认识到，在制定目标的时候，要注意坚持"可衡量"的原则。如果发现当时目标设定得有缺失，则要注意及时补充完善。

不可忽视的是，在某些情况下，即使没有明确的复盘目标，或者根本无法设定明确的目标，也不影响我们进行复盘。就算没有明确的目标，我们只要有一个大概的目标，比如想要"生活得更愉快"，也是可以进行复盘的。我们只要将重点放在比较和分析最后的结果上，探索促成这些结果的关键因素，就可以形成足以指导我们人生的"经验"。所以，在实际操作的时候，我们不应太死板，而应保持足够高的灵活性，只要通过复盘达到"提升能力，少走弯路"的目标就行了。

2. 对照结果

对照结果，就是对照设定的目标评估达成的情况。这是最重要也是相对最困难的一个环节。

在这一环节，我们需要用目标的实际达成情况与目标做对比分析。有的工作相对比较复杂，我们既要对照结果性目标，也要对照驱动性目标。达成目标或结果优于目标的，我们可以将其看作亮点，归纳出经验；没有达成目标的，就存在问题，我们要究其原因，思考改进措施。

任何事想要做得比较完美都是不容易的。注意这里说的是"比较完美"，而不是"完美"。以烤制一个蛋糕为例，就算按照比较详尽且靠谱的烤箱自制蛋糕方法来做，要想烤出一个完美的蛋糕也是很不容易的。通过和"目标"——期望做出的蛋糕相比较，我们可能会发现蛋糕塌陷、烤焦了、味道不够甜（糖放得太少）等问题。但只要我们真正发现了问题、找准了问题，就能为接下来分析原因奠定良好的基础，就容易提出有针对性的改进措施。

3. 分析原因

分析原因，就是仔细分析导致事情成功或失败的关键因素。

任何事做得好，都有做得好的道理；做不好，也都有做不好的原因。复盘就是要把这些道理和原因全面深入地挖掘出来。通过复盘，对于好的做法，我们要加以强化；对于不好的做法，我们要找出背后隐藏的问题——是客观原因，还是主观原因；是流程、资源的问题，还是协作、沟通的问题，等等。

比如，足球名将 C 罗每次比完赛，都会在第一时间拿到比赛录像，然后一次次地回看，一次次地分析比赛，每个镜头都舍不得错过。他会对每个人的动作和相互配合情况进行研究，为的就是找出本场比赛的不足和漏洞，分析造成最终结果的根本原因，为打好下一场比赛做充足的准备。

我们在分析原因的时候，一定要注意尽量客观，努力消除偏见。当别人成功时，如果我们一味强调客观原因，认为只是运气使然，则很难看到别人的长处，很难虚心学习并取得进步；当别人失败时，如果我们一味强调主观原因，认为就是我们实力强大、他们不行，则容易丧失判断力，错失反思、改进、提高的机会。

例如，一个中学生喜欢打乒乓球，但老是赢不了一个同学。后来他俩在一次比赛中遇到，他认真做了准备，仔细研究了那个同学的打法，制定了一套战术，果然打赢了。他事后总结时认为自己的新战术起了作用，后来才知道，当时那场比赛，那个同学忘记带球拍，用的是一只临时找来的不顺手的球拍。

这是很常见的现象。一般人在评价自己或他人成败功过的时候，往往会采用"双重标准"：倾向于把他人的成功归因于客观，失败归因于主观；把自己的成功归因于主观，失败归因于客观。

孟子说："仁者如射，射者正己而后发。发而不中，不怨胜己者，反求诸己而已矣。"意思是：行仁的人犹如比赛射箭，射箭的人，先要端正自己的姿势而后再放箭。射不中不怨恨胜过自己的人，要反过来从自己身上找原因。

人们常说"谋事在人，成事在天""尽人事，听天命""三分天注定，七分靠打拼"，这些话提醒我们：成败是作为主观的人和客观的环境交互作用形成的，如果过分强调某一方面，我们就容易失之偏颇。一定要多反省自己，多从自己身上找原因。

在复盘的过程中，我们要努力找出实际与目标产生差异的根本原因，总结经验教训。这需要我们审慎地分析，不能为了追求速度而盲目地下结论。例如，我们要避免只看到问题的表象或症状，而不去探究真正的问题；避免只发现表面的原因，而没有找到深层次的原因；避免只总结出一次偶然性的因果关系，而误以为发现了规律。

第一章　让偶然的成功变为必然

美国东部时间 1986 年 1 月 28 日上午，美国"挑战者"号航天飞机从肯尼迪航天中心发射升空。

航天飞机在升空 1 分 13 秒后，刚刚超过 1.5 万米的高度，随着机身突然闪出一团亮光，外挂燃料箱凌空爆炸，"挑战者"号成为一片片燃烧着的碎片，这些碎片在一小时内散落到距发射中心 9 公里的大西洋洋面。机上的 7 名宇航员全部遇难。

地面上的数百人在现场，还有数百万人在电视直播中观看了这一美国宇航史上最惨重的事故。

灾难发生后，时任总统罗纳德·里根建立了一个特别委员会，并成立调查团对事故进行调查，以确定"挑战者"号出了什么问题，并希望制定下一步的改进措施。

望远镜拍摄下的爆炸慢动作录像表明，开始时小火舌在外部燃料箱基部出现，接着两个固体燃料火箭断开，然后火团吞噬了航天飞机。调查人员很快确定，这次灾难是由两枚固体燃料火箭中的一枚 O 形环密封失效引起的。由于航天飞机发射时的 1 万多米高空极端寒冷，导致固定右副燃料舱的 O 形环在低温下硬化、失效，进而脱落，毗邻的外部燃料舱在泄漏出的火焰的高温灼烧下结构失效，最终引发了大爆炸。

然而，这只是一个初步的结论。调查人员并没有就此罢休，而是继续进行详细分析。随着调查的深入进行，更多的事实浮出水面。

其实，就在发射的前一天傍晚，为航天飞机设计、制造固态燃料火箭助推器的两名高级工程师博伊斯乔利和埃比林，通过电话会议,用了几个小时陈述理由,力劝美国航空航天局推迟这次"挑战者"号的发射任务。他们得知,佛罗里达州的气温已经降至0℃以下。这样的条件会对火箭助推器的性能产生重大影响——两名技术人员甚至担心,"挑战者"号可能会在平台上爆炸。

然而,他们所在公司的高层领导向美国航空航天局提出了"可以发射"的建议。公司管理层关心的是成本、计划和政治承诺,而不是数据、事实和科学规律。在罔顾风险、盲目乐观的侥幸心理驱动下,这场震惊全世界的航天灾难最终发生了。

特别委员会最终的结论是:美国国家航空航天局的决策错误,是导致这次事故的关键因素。表面上看似"天灾",真正的原因却是"人祸"。

我们在分析关键成功因素时,要注意多找客观因素,寻找客观规律,用客观规律指导未来的行动;在分析失败原因时,要注意多找主观因素,寻找主观上可以改进的地方,力争未来不再犯主观上的错误。

4. 总结经验

总结经验包括总结得失的体会、应当尊重的客观规律、必须规避和防范的错误及风险,还包括思考改进方案和下一步的行动计划。

我们要通过复盘,明确遇到的问题、厘清失败的原因,积极探索可以解决问题的行为或方法。毕竟,问题不仅要发现,还要解决。我们要据此总结出有价值的经验,形成更优化、更有针对性的方案。我们要明确以后在工作中需要规避的问题、需要获得的支持、需要调动的资源、需要做好的准备等。

针对每一个教训，我们都应该找出更有价值、更加合理的改善措施，制订后续的行动计划，这才是复盘的根本目的和意义。通过复盘，我们要明确自己究竟学到了什么。

复盘并不要求我们把过去的事情重做一遍，它更多的是一种思维上对事件的重现。我们通过对过去的思维和行为进行回顾、反思，从而发现问题、吸取经验教训，进而不断改进，最终实现能力的提升。因此，我们在总结经验教训的时候，要尽量尝试从更多的角度进行思考，勇于跳出自己的固定视野，除了从自身角度看问题，还应从客户的角度、竞争对手的角度、旁观者的角度进行模拟推演，从而发现更多问题，取得更大收获。除了关注工作任务或者问题本身，我们还要注意多方联系和联想，强化反思和学习的效果，探索更多的可能性，以便更加充分地发挥复盘的作用。

在实际操作中，我们可以根据具体情况灵活进行，不一定拘泥于既定的步骤，达到目的才是最重要的。

记住：复盘不是为了让我们"低头拉车"，而是为了让我们"抬头看路"，从而帮助我们发现本质、提升能力、适应变化、实现理想。

把复盘变成一种生活习惯

军队对复盘工作非常重视,专门成立了经验学习中心。经验学习中心的宗旨和使命是收集并分享实战经验和教训,以便使个人或作战单位的发现变成整个组织可以积累的知识,从而提高军队整体应对未来挑战的能力。经验学习中心专门制作了复盘引导手册,对每一个阶段的技术规范、操作要点、注意事项等内容进行详细描述,并通过训练中心,对各级军官进行复盘引导训练,帮助他们掌握复盘技巧。

某大型石油公司在进行复盘时,将知识管理与项目运作整合起来,通过专家黄页、知识库、同行协助、实践社群,以及行动后反思和项目复盘等,实现了做前学、做中学、做后学的完整架构和闭环体系,把知识管理与业务目标结合起来。

有的公司把复盘作为工作中不可或缺的一个环节,甚至会为其努力搭建闭环的组织学习体系。

复盘看起来是一项非常专业的工作,需要一定的技术。而专业的工作通常是枯燥的,或许这正是复盘在生活中难以被推广的一大障碍。

一家咨询公司的调查显示,"许多试图学习和应用复盘的努力都失败了,因为人们一而再、再而三地把这种生动的实践简化为一种枯燥乏味的技术"。

实际上，对一般人来说，复盘不需要掌握那么多要领，遵守那么多规则，采取那么多步骤。我们只要了解其精髓，完全可以按照简便易行、自己觉得有意思的方式去做，只要达到指导实践、提升自我的目的就可以了。

我们要把复盘变成一种工作方法和生活习惯。它不一定是定期的制度，也不必是重要时刻才进行的反思，而是任何人在感觉有必要的情况下、在任何时候、对任何事都可进行的一种既有趣又有意义的常规动作。

不管是一场比赛、一项工作、一次会议、一次旅游，还是一次尝试、一次交往、一次谈话、看一本书或一部电影、唱一首歌……我们都可以对其进行复盘，都可以从中找出可以改进的地方、可以借鉴的经验、可以用来指导今后从事相关活动的参考资料。

复盘，本质上是对过往经验的梳理和再利用。它不是一次性的动作，而是需要不断根据新进展、新问题、新任务、新对策的出现，不断重复，从而形成的习惯性、常规性的动作。追求上进、希望生活越来越好的人，要充分认识到复盘的重要性，加强复盘意识，养成行之有效的复盘习惯，并坚持下去。这对个人工作能力的提升和全面成长很有意义。

◉ 正确的做事方法比持之以恒更重要

销售经理经常对业务受挫的推销员说："再多跑几家客户！"

父母经常对用功读书的孩子说："再努力一些！"这些建议不一定有效。就像有人曾经问一位高尔夫球高手："我是不是要多做练习？"高尔夫球高手却回答道："不，如果你不先把挥杆要领掌握好，再多的练习也没用。"

如果有人准备学习高尔夫球这种难度较高的运动项目，他需要在设备、附件、教练和训练方面花大笔的钱，可能会把昂贵的球打进池塘，还常常会遭受挫折。如果他学习高尔夫球的目的是成为一位高尔夫球高手，或者在与朋友们相聚时可以共同打球，那么这种投入是必要的。此外，他还必须持之以恒，这样才能达到目的。

但是，如果他的目标是每周运动两次、减轻几斤体重，或者保持身材、使自己神清气爽的话，那么他最好放弃高尔夫球，在住宅附近快步走或慢跑就足够了。如果他在拼命练习了一两个月高尔夫球之后，通过复盘决定放弃高尔夫球，开始进行快步走的锻炼，那么我们该怎样评价他呢？显然，我们不能说他是一个没有恒心、半途而废的人。相反，我们可以认为他是善于反省和有自知之明的人。

总体来说，设定目标十分有意义，毕竟，对自己的人生方向有明确的认识是非常重要的事情。可是现实中有的人总是过分在意达成目标的过程，而忽略了最终的目的。他们认为，要达成目标就一定要经受大量的考验，即使有捷径可走，他们仍要体验艰辛的过程。

我们大都被教导过，做事情要有恒心和毅力，比如"只要努力，再努力，就可以达到目的"。但是，如果不顾客观情况地按照这样的准则做事，我们很可能会不断地遇到挫折和产生负疚感。由于"不惜代价，坚持到底"这一教条，那些中途放弃的人，就常常被认为是半途而废、令人失望的人。因而，即便我们有时候发现捷径也不去走，不敢删繁就简，并以"肯付出""不怕辛苦"为美德加以宣扬。然而，一旦我们掌握了复盘的方法就会发现，我们必须改变这种观念和习惯，并产生一种新的认识——正确的做事方法比持之以恒更重要。

不成功者常常混淆了工作本身与工作成果。他们以为只要做大量的工作，尤其是艰苦的工作，就一定会成功。但是，行动本身并不能保证成功，也并不一定是有效的。一个有效的行动，一定要有明确的目标。也就是说，成功的标准不是做了多少工作，而是取得了多少成果。

需要指出的是，用简易的方式做事不等于懒惰，我们反对投机取巧和不劳而获的行为。"一分耕耘，一分收获"没有错，错的是放着地图不用，偏要自己摸索着前进。

有一位年轻人到山上工作，他每天去森林里砍树，非常努力。别人休息的时候，他还是非常努力地砍树，一直砍到天黑才肯罢休。他希望有朝一日能够成功，想趁着年轻多努力一些。可是砍了半个多月的树，他竟然没有一次比那些老前辈砍得多。那些老前辈明明总是在休息，他为什么还会输给他们呢？

年轻人百思不解，以为自己还不够努力，下定决心第二天要更卖力。结果，成绩反而比前几天还差。

这个时候，有一位老前辈叫这位年轻人过去喝杯茶。年轻人心想："我的成绩那么差，哪有时间休息啊？"于是他便大声回答："我没有时间，谢谢！"

老前辈笑着摇头说："傻小子！你一直砍树，却不磨刀，那是蛮干啊！成绩不好，迟早会被淘汰的。"

原来，老前辈在泡茶、聊天、休息的时候都在磨刀，难怪他们很快就能把树砍倒。

老前辈拍拍年轻人的肩膀，说道："年轻人要努力，但是别忘了要省力，千万别用蛮力！"

许多人都看过赛马。无论是比赛标准用马、驾车比赛用马，还是快步马、对侧步马，要想取得理想成绩，参赛者在比赛前都要做好充分的准备——不仅仅是训练。

为了让对侧步马取得好成绩，参赛者需要为它配备几十种用具：长短不同的脚绊、膝靴、踝靴、头杆、眼罩、不同的马笼头等。铁匠可以根据需要，打造出不同型号、不同重量的蹄铁。

其中任何一种用具都会影响赛马在比赛中的表现。因此，当感觉赛马的表现不好时，优秀的参赛者会全面地检查一遍赛马的用具，一次一样地进行检查，比如试试戴上或取下眼罩有没有改进、换上轻一点的蹄铁有没有改进……

但是一般人没有耐心这样做。他们仍坚持让自己的赛马以不好的状态继续比赛，或者不断地用鞭子抽打赛马。面对落后、不利的比赛局面，他们只是希望这匹不争气的赛马再加把劲儿，企图凭着顽强拼搏的精神改变结果。这是不可能的。如果赛马的蹄铁不合适，再怎么使劲也没有用。

希望赛马不断使劲是十分不明智的，想办法使赛马保持良好的状态才是明智之举。在大多数情况下，一匹赛马在每次比赛后都要休息一至三天，这样它才可以摆脱在赛场上的应激状态，跑出更好的成绩。

而许多参赛者对于坚持不懈的观点都是这样的：不认真地调整赛马的状态，只希望赛马拼命地奔跑去取得胜利。

许多教练也因为类似的做法输掉球赛。我们在电视上可以看到这样的教练：在中场休息后，他走出休息室，这时的球队已经输掉28分，球员被他教训得不知该如何打下去，他却对着电视评论员大嚷："我们会按原计划打完比赛。我们的球员只需要再加把劲儿。"不知道这样的教练是否用心看了比赛。原定的比赛计划不灵，难道他没看出来吗？类似这种坚持原定的比赛计划，不是真正意义上的坚韧不拔，而是呆板和愚蠢。

在生意场上，这样的例子也屡见不鲜。一位推销员就被客户以"再说吧"的方式逐渐毁掉了前程。他在每一次与客户洽谈业务的时候都力图掌控局面，而客户给他的回答只有"再说吧"。他办公桌的抽屉里装满了写着"仍在犹豫"的生意档案。他日复一日、满怀希望地与这些客户联络，依然毫无所获，却仍不反思自己是不是需要进行某些方面的改变。

优秀的推销员只会尽快行动，把目光盯在效果上，要求客户给出明确的"是"或"不是"的答案。这样他们就不必在已接触的客户身上再花费时间和精力，从而投身到下一位客户的业务中去。无论推销工作多么复杂，它首先是一个概率问题。你只有尽快知道谁对你说"不"，才有机会听到更多的人对你说"是"。

而上面那位自毁前程的推销员认为，只要他能坚持不懈地与这些"仍在犹豫"的客户一而再、再而三地联络，凭借他的执着，客户一定会与他达成交易。他认为自己的毅力一定会打动客户，但事实却不尽如人意。

可见，正确的方法比执着的态度更重要。爱迪生做了几千次实验才发明了电灯。有人问他："如果第一万次实验失败了，你会怎么办？"

爱迪生回答："我就不会在这儿与你谈话了，我会把自己锁在实验室中，做第一万零一次实验。"

这个小故事被大多数谈到"进取"的演说家用作坚韧不拔的典型例证。他们会说："每次你打开电灯的时候，都可以感受到爱迪生是一个毅力非凡的人。"这是毋庸置疑的。不过，只要我们深入思考就能知道，爱迪生是用科学的方法进行发明创造的发明家，他是边反思、边复盘、边改进地进行实验的。也就是说，爱迪生不是把同一个实验做了几千次，而是做了几千个不同的实验。他做了几千次假设，而且一发现不对就马上放弃。他半途而废了几千次，并且在此过程中，通过不断复盘，不断向理想的结果推进。

人生是一个奋力攀登的过程，只有把不懈努力和经常复盘结合起来、不断提高自己的认知，我们才能越过障碍，最终以相对较小的代价到达峰顶。

◉ 约束自己，去做正确的事情

曾国藩年轻时也曾和许多人一样，喜欢凑热闹，做事有始无终，因而在仕途上屡屡碰壁。后来他意识到"人而无恒，终身一无所成"，于是追随当时的两位理学名家唐鉴和倭仁学习修身之法，并在倭仁的指导下以写日记的方式开始修身。他每天都进行自我复盘，反省自己的缺点和错误，并督促自己改正，从而使自己日臻完善。从"三十岁前是庸人"到"为师为将为相"，曾国藩蜕变的秘诀就在于坚持复盘和自律。

王阳明说："人须有为己之心，方能克己；能克己，方能成己。"人要想有所成就，必须能够克制自己，有所为有所不为。所谓"克己"，其实就是我们常说的自律。

为了充分发挥复盘的作用，把复盘中获得的经验有效地运用到自己的生活中，我们必须做到自律，学会控制自己，适度约束自己，去做那些"应该去做的事情"，远离那些有害无益的事情。

控制自己不是一件容易的事，因为人们的理智与情感总是在斗争。自我控制、自我约束要求一个人按理智判断行事，克服追求一时的情感满足的本能愿望。这意味着我们要战胜自己的情感，证明自己有控制自己命运的能力。如果任凭情感支配自己的行动，那我们便成了情感的奴隶。

我们在情感上大都倾向于获得暂时的满足，而那些能够让人暂时满足的事情，通常对我们长期的健康、快乐和成功有害。所以，我们要善于进行自我约束。我们应该努力做使自己的生活更有意义的事，并且向着目标奋进，而不应该采取仅仅使今天感到愉快的态度，丝毫不顾及明天可能产生的后果。

无论你是否享受目前的生活，通过经常复盘，校准未来的努力方向都是非常有必要的。反思过去和面向未来的思考，对你的顺利发展是非常重要的。

那些总是失败的人，一再使用"我没有别的选择，我不得不这样"这种借口。实际上，他们是不愿做出下面的选择：付出短期不自在的代价，换取长期更大的回报。一个没有养成自我约束习惯的人，可能会反复地屈从于某种诱惑，从而去做不该做的事。这种错误导致的后果对一个人长期发展的负面影响是非常严重的。

能力和基本条件差不多的同一届毕业生，在工作几年之后，有的人成功了，有的人则失败了。他们可能都知道成功的途径，但他们的不同之处在于：成功者总是约束自己，去做正确的事情；失败者总是容忍自己的情感占上风。为了避免这种错误，我们要经常进行自我复盘，不断地分析自己的行动可能带来的长期后果，不断增强自我约束的能力；同时必须坚定不移地按照符合自己长期利益最大化的目标去行动。

实践中经常发生的是：当一大群人朝着一个方向行走时，你的理智或常识告诉你，那是一个错误的方向，此时你的自我约束能力就受到了严峻的考验。你必须通过复盘找到正确的方向，运用自我约束的力量压倒随大溜时那种短暂的舒适感。自我约束、专心致志，是通向成功的阶梯。

从本质上讲，自律就是你在被迫行动前，自己约束自己去做事。自律往往和你不愿做或懒得做，却不得不做的事情相联系。比如，洗漱是每天必须做的事情，但是有一天你回到家后已经筋疲力尽，如果你倒床就睡，你就是在放纵自己的行为；如果你克服身体上的疲惫，坚持洗漱，这就是你自律的表现。人们往往会遇到一些自己讨厌去做或使自己行动受阻的事情，而在这种情况下，你应该克服困难，接受考验。

自律的方式一般来说有两种：一是做应该做而自己不愿或不想做的事情，二是不做不能做、不应做而自己想做的事情。比如，你每天早晨坚持锻炼身体，某一天的天气特别寒冷，你不想冒着严寒锻炼身体，但是你最终还是走出家门，坚持锻炼，这就属于前者。后者的表现也较多，比如你喜欢抽烟，但到了无烟室，你就必须强忍住内心的欲望不抽烟。

一般情况下，自律和意志是紧密相关的：意志薄弱者，自律能力较差；意志顽强者，自律能力较强。自律的过程也是磨炼意志的过程。自律是在行动中形成的，因此也只能在行动中体现，除此之外，没有别的途径。仅靠梦想变成一个自律的人，是不会成功的。靠读几本关于自律的书，你不能成为一个自律的人；靠不停地自我检讨，你也不能成为一个自律的人。要想成为一个自律的人，关键在于行动，在于实践。

自律的养成是一个长期的过程，不是一朝一夕的事情。因此，要做到自律，你首先要勇敢面对来自各方面的，以及对自我的挑战，不要放纵自己。

自律需要主动，它不是受迫于环境或他人而采取的行为，而是在被迫之前就采取的行为。自律的前提条件是自觉自愿地去做。

我们在日常生活中应时刻提醒自己要自律，千万不要纵容自己，为自己找借口。另外，我们一定要把复盘和自律结合起来，对自己严格一些。时间长了，自律便会成为一种习惯、一种生活方式，使我们的人格变得更加完美。

积极学习和借鉴成功者的经验

除了对自己进行复盘，了解名人、成功人士的成长经历，学习他们的成功理念，借鉴他们的成功方法，也是提升自我的有效途径。

能推动社会发展的人，往往都是那些擅长模仿的人，他们善于学习，能踩着别人的脚印前进而不是贸然行事。他们知道"人生有涯，而知无涯"。

许多畅销书中都包含一些教你表现得更好的内容。例如，彼得·德鲁克（Peter F. Drucker）在《创新与企业家精神》（*Innovation and Entrepreneurship*）一书中就指出，要成为一位杰出的企业家及创新者，需要一些特别的做法。他认为，创新不是一个非常特殊且微妙的过程，成为一位企业家也并无神秘与神奇之处。他们不是天生的好手,他们的本领都是后天经由训练而学会的。

在进行复盘和向成功人士学习的过程中,你要不断地寻找更多新的且有效的方法去提升自我,从而达成目标。

要想通过复盘向卓越者学习,你要细心研究,不断地提出问、解决问题,从而找出他们成功的方法。

在科技领域,人们每往前跨进一步都是循着先前的发现并进行突破而完成的。在商业世界里,不向前人学习,不懂经营的公司,都会被淘汰。

◎ 复盘和模仿是非常有力的工具

复盘和模仿对每个人而言都不困难。事实上,我们一直都在做这类事。孩子是怎么学会说话的?体坛新手是怎么跟前辈学习的?一位有抱负的企业家是怎么建立其商业帝国的?可以说,全是复盘和模仿来的。这里举个商场的例子。在商场中,某种经验在甲地可行,往往在乙地也适用。有些人就是通过这种跟进的方式取得成功的,即在市场尚未饱和之前,把甲地成功的做法,依样画葫芦地搬到乙地去,就这么成功了。

美国"钢铁大王"安德鲁·卡内基(Andrew Carnegie)是世界上最会赚钱的富豪之一。你知道他是怎么办到的吗?很简单,他通过复盘、模仿洛克菲勒、摩根和其他金融巨子。他留意那些人的一举一动,研究他们的理念,模仿他们的做法,才有了后来的成就。

梅隆家族是美国的巨富，第一次世界大战以后，他们垄断了新兴的制铝工业。第二次世界大战以后，他们又以石油为主要产业在美国工矿企业中雄居首位。据美国《财富》等杂志的统计，1970年梅隆财团控制下的企业的总资产约为329亿美元，在美国八大财团中位居第六。梅隆财团第一代创始人托马斯·梅隆（Thomas Mellon）则是这份家业的首创者。此前，梅隆家族祖祖辈辈生活在爱尔兰乡间，只有很少的土地，比较贫困。

托马斯·梅隆14岁的一天，他在种荞麦。突然，梅隆在犁过的田上发现了一本散落的《本杰明·富兰克林自传》。从这本书里，梅隆看到了像他一样的普通人，也可以富有教养、通达事理、出人头地。于是，他反复琢磨，复盘富兰克林的成功经验，他写道："我看到了富兰克林，他比我还穷，但凭着勤奋、节俭，他终于变成了才识出众、睿智果断、富有而又闻名的人物。"从此，一个强烈的愿望出现在他心里，就是成为富兰克林那样的人。这个偶然事件对梅隆的一生产生了深远的影响。

托马斯·梅隆善于向别人学习的精神是值得我们借鉴的。每个行业都有翘楚，他们自然会成为大家模仿的对象。如果我们能够认真地学习那些成功人士，大概率也能获得成功。

许多成功人士都曾受到各种人的激励，比如历史上的伟大领袖、某个在特定领域做出过杰出贡献的人等。榜样人物能向我们展示事物的可能性，并为我们提供动力和希望。

向他人学习应该成为我们的生活习惯。我们只要用心观察，就能从我们所遇到的每个人身上学到东西,而且能避免错误。此外,我们应该将学到的东西付诸实践。

为了更好地向身边的人学习,我们一定要掌握复盘的技巧。要想养成仔细观察、认真总结和善于自省的习惯,我们就要经常问自己:"我能从对方身上学到什么吗?"

成功的方法也许不能复制,不同的人有不同的环境和机遇,但绝大多数成功者都有一个共同的特点——善于寻找生活中的榜样。结合复盘的技巧,我们也可以以别人为榜样,借鉴别人的经验,找到自己成功的路径和动力。

第二章

用足够的反思去探索自己

挪威探险家、科学家和外交家弗里乔夫·南森（Fridtjof Nansen）说："人生至要之事是发现自己，所以有必要偶尔与孤独、沉思为伍。"德国著名抒情诗人和散文家海涅指出："反省是一面镜子，它能将我们的错误清清楚楚地照出来，使我们有改正的机会。"沉思和反省都是复盘的重要步骤。学会平心静气地反思自己、客观地评价自己、不断地完善自己，既是一个人修身养德必备的基本功之一，又是提高自己生存能力的一个重要途径。

高手复盘

◉ 认识自己是探索的开始

《三国演义》用大量篇幅表现了诸葛亮的智谋：舌战群儒、智激孙权和周瑜、草船借箭、定计火攻、智算华容道……

反观周瑜，蒋干中计、苦肉计都被诸葛亮识破。周瑜自恃才高，眼中没有对手，却步步让诸葛亮占有先机。他不反思自身的不足，不去思考怎么去提高自己，只是一味地忌妒和抱怨，在临终前仍感叹"既生瑜，何生亮"。

周瑜是有才干的，但是他不能正确地认识自己，总认为自己应该比诸葛亮优秀，这是不明智的。世界之大，优秀的人有很多，谁也不能说自己是最厉害的。一个人要认识到自己的能力和不足，才能有提升的空间。

柏拉图说："认识自己是智慧的开始。"人生最困难的事情之一就是认识自己。

有的人不惜花大钱，请"私家侦探"调查自己，他们认为"当局者迷"，而旁观者一般更能看清一个人的本来面目。当然，还是有很多人试图通过自身的努力去发现和认识自己的。美国学者艾伦·科恩（Allan Cohen）在《寻找自我》（*Looking in for Number One*）一书中引用了一首名为《寻找自己》的诗——

我到处寻觅，

对遇到的每一个人提出问题：
你是否知道，
生命和爱的奥秘？

但是我没有找到令我信服的答案，
我对此有些失望。
我翻遍了能找到的所有书，
想不出还有什么能干的事我没干。

我在寻找自己，
寻找自己。
我认为人生在世就是要发现自我，
为此我寻找不已。

我总觉得什么地方有些不对劲，
好像越看越不顺心。
我四处寻查，反复琢磨，
为了解真相把脑汁绞尽。

突然有一天，
一个声音冲出我的心田：
"你自己心中有答案，
努力寻找你就会发现！"

高手复盘

寻找自己,
寻找自己。
不宜从外面努力,
应该从内心寻觅。

我曾经得出结论,
现在又产生了疑问。
把所有的问题重新审视,
我仍在不停地找寻。

我现在有了成熟的设计,
一定能找到真正的自己。
别人所了解的我并不全面,
和我从内心看到的自己有所差异。

敞开心扉接受变化和机遇,
暂停一下又向前走去。
跟随你个人的主人,
嘿,你的主人就是你自己!

寻找自己,
寻找自己。
从外部寻找并不有趣,

第二章　用足够的反思去探索自己

要从自身去寻觅。

我审视着自己,
这才刚刚开始。
为了发现自己,
我开始从自身去寻觅。

怎样"从自身去寻觅"呢？科恩在书中讲了 52 个案例,或者说是故事。每个故事的背后,都有 3 个引导读者进行反思的问题:"它能否引导你更深刻地了解自我,获得更大的精神力量？它能否帮你建立实用的技能,助你在工作和生活方面取得更大的成功？它能否促进你的人际交往,让你身体健康、精神愉快？"

也就是说,为了更深刻地了解自我,科恩认为采取复盘的方法是非常有效的。

人应当对自己的外在形象、品德和才能、优点和缺点、长处和短处、过去和现状,以及自己的价值和责任有一定的认识。然而,不同的人对自己的这些认识在多大程度上符合自己的实际情况,存在许多差异。有些人容易看到自己的优点和长处,而看不到自己的缺点和短处；有些人容易看到自己的很多小瑕疵,而看不到自己的主要问题……可见,一个人要对自己有客观的认识,并不像照镜子那样简单,需要一个学习的过程,需要掌握一些技巧。

客观、正确地认识自己是至关重要的。采用复盘的方法,通过回顾过去的经历和成败，总结过去的经验和教训，提高自我认知，是一种简单而有效的方法。

要获得成功，你就必须正确地认识自己，坚信"天生我材必有用"，并尽力把自身的潜力发挥到极限。你要树立正确的自我观念，正确地对待自己、对待别人，摆正自己在生活中的位置，并在复杂的社会环境中，适时变换自己的角色，按照角色的不同要求，调节自己的行动。

为了正确地认识自己，你可以参考如下建议，并结合复盘，对自己进行一番深入的剖析。

1. 坦然地面对自己

有的人总是陷于无尽的日常事务和人际关系中不能自拔，这使得他们根本无暇去了解自己内心的需要，不知道自己内心的真实状态。在人际交往中，他们表现得热情周到、爽朗大方、乐此不疲，而内心深处也许更想独自一人看书作画。他们精明强干，纵横商场、职场，踌躇满志。但如果让他们换一种生活方式，每日进出图书馆、做学问，那份宁静深沉说不定也能让他们心满意足……

不妨给自己的心灵放个假，暂时放慢生活的脚步，给内心的真我一个表现的机会，对自己的生活进行一次复盘。

你可以找一个安静、不受任何人打扰的地方，坦然地面对自己，专注地进行反思，在没有上司、同事、家人，也没有工作、交际、应酬的情况下，看看自己的状态。这时候你的想法和表现，往往才是最真实的。这时候，你不妨结合自己的经历，静静地想一想：

- 自己有哪些优点？哪些缺点？
- 自己擅长做什么？不擅长做什么？
- 自己喜欢做什么？不喜欢做什么？
- 自己的性格特点是什么？有哪些习惯？
- 自己的哪些做法是对的？哪些做法是错的？
- 自己的哪些做法是令人喜欢的？哪些做法是令人反感的？
- 哪些做法是自己愿意坚持的？哪些做法是自己想尽快改变的？

....

2. 和自己进行良好的"对话"

在进行复盘的时候，你要学会和自己进行良好的"对话"。

为什么有的人很了解自己，有的人却不了解自己呢？关键原因在于，有的人在了解到自己的真实情况，尤其是在了解到自己的缺点时，会感到害怕，还有的人会害怕自己的"底细"被别人知道。其实这种担心是多余的。每个人都是长处与短处、优点与缺点并存的。世上没有只有缺点没有优点的人，同样，也没有只有优点没有缺点的人。

明白这一点，你就能正视自己的缺点。当你在反思中发现自己的缺点时，不必想办法去掩饰或为自己辩解，而应该反省一下：自己为什么会有这个缺点？为什么以前没有注意到？这个缺点的害处是什么？是否容易改正？如何去改正？

你要根据反思所得，对症下药，努力改掉自己的缺点。

想要真正了解自我，你必须养成和自己"对话"的习惯。那么，怎样和自己进行良好的"对话"呢？你在独处时，可以把自己的感觉、感情、想法等在心中一一过滤，从而检视自己的心态是否正确、是否平衡。

从某种角度来看，每个人都有两个自我：一个是意识中的自我，另一个是无意识中的自我。你平时的一举一动、一言一行，很多都是在无意识中进行的。看清自己无意识中的自我，并与自己对话，就可以了解自己的内心世界，进而了解真实的自己。

3. 不过分压制自己

为了了解自己，你不要过分压制自己的情绪。比如，你有可能在非常愤怒的时候，会一改平日温顺屈从的性格，去和上司据理力争。这时，你会发现，温顺屈从并不是你唯一的人格特征，你还具有抗争意识、斗争精神，并且相当有魄力。如果你能适时调节自己的状态，你就能成为一个精明强干、能屈能伸的人。在这种状态下，你会活得更加愉快和坦然。

人本身具有非常多的个性基因，你要尽可能地挖掘它、发展它、丰富它、使自己成为一个丰富多彩、魅力四射的人。

4. 通过别人充分了解自己

"以铜为镜，可以正衣冠；以古为镜，可以知兴替；以人为镜，可以明得失。"很多时候，你很容易发现别人身上的缺点，却难以发现自身的不足。真正聪明的人，善于"以人为镜"，懂得通过身边人来更加全面地认识自己。

你可以向亲人或较为亲近的朋友询问你在他们心中的印象，听听他们对你在各方面的看法。当然，对于别人的指责，你应该冷静地看待。不过，只向亲友讨教，显然是不够的。你还应尽可能多地掌握一些有关自己个性方面的认知，这样才能更加了解自己。

你可以直接问别人对你的印象，比如："你觉得我是一个什么样的人？""你觉得我最大的特点是什么？"你也可以询问别人对你某个特定方面的印象，比如："你觉得我是一个勤奋的人吗？""你觉得我的性格是偏内向，还是偏外向？"

如果感觉得到的反馈信息不够，你可以多问一些人，直到自己能够得出结论为止。

5. 试着改变某些习惯

在反思之后，你可以试着改变自己的某些习惯。每个人都有很多好的和不好的习惯，这些习惯说不定正是掩蔽你真实个性的罪魁。比如，你可能经常低头看手机，以此来打发你的休闲时间；你可能习惯于用玩游戏的方法排遣孤独；你可能在烦闷之时喜欢借酒浇愁……这些行为可能并不是你的最佳选择，而仅仅是你的习惯。

如果你想正确地认识自己，挖掘自己的个性，你就要打破这些习惯，发展更多的爱好。例如，把看手机换成看书，也许你会发现自己并不喜欢刺激，而更喜欢冷静；把玩游戏换成散步，也许你会发现追求闲适的宁静才是你的真实个性；把借酒浇愁换成适当运动,也许你会发现自己的烦闷更容易纾解……

冲破习惯的束缚,你会发现另有一个自己存在于你的心中。这时你所发现的"一个完全不同的自己",其实更接近"真实的自己"。

像照镜子一样自我反省

曾子曰:"吾日三省吾身:为人谋而不忠乎?与朋友交而不信乎?传不习乎?"意思是:我每天都要多次反省自己为别人办事是不是尽心尽力,与朋友交往是不是诚实守信,老师传授的知识是不是复习了。通过自省,及时检查并发现自己的每一个细小过失,进一步严格要求自己,防微杜渐,不断鞭策自己前进,这就是自我复盘。

鲁迅先生说:"我的确时时解剖别人,然而更多的是更无情面地解剖我自己。"这表明他是经常自省的,或者说他是经常进行复盘的,并且是复盘的高手。他能做到"更无情面地解剖我自己",仅这一点,就比别人高明。

自省,就是自我反思、反省。"金无足赤,人无完人",世界上没有十全十美的人,每个人都会有这样或那样的缺点和不足。一个自律的人应该经常检查自己,对自己的言行进行反思。纠正错误、改正缺点,是严于律己的表现,是不断取得进步的重要方法和途径。正如海涅所言:"反省是一面镜子,它能将我们的错误清清楚楚地照出来,使我们有改正的机会。"学会反省,并且经常

第二章 用足够的反思去探索自己

自我反省，这对我们每个人来说都非常重要。

历史上凡有大成者，往往都经历过从"自负"到"自省"的转换、蜕变。

郑板桥年轻时比较自负，他在进京做官后给堂弟的信中毫不避讳、极其坦率地检讨了自己的言行，反省了自己的缺点。他批评自己："好大言，自负太过，漫骂无择。诸先辈皆侧目，戒勿与往来。"

曾国藩30岁之前也是"自负本领甚大，每见人家不是"，后来，他逐渐认识到自身的不足，开始反省修身。为了改正缺点，他立下"三戒"，并将自己的缺点写在日记里、记在家书中，公之于亲人、朋友，接受众人的批评和监督，自己常常"为之悚然汗出"。他将这种反省自勉的品格坚持了一生。

从自负到自省，是个人境界和格局的一次大提升。然而在现实中，有的人不仅不自知，还飘飘然、昏昏然，越发自我膨胀。很多时候，他们并非不知道自己身上的缺点和毛病，而是缺乏自觉反省、主动改正的决心和勇气。久而久之，他们对自己的缺点自我屏蔽，在自负的泥潭中越陷越深，最终一事无成。

一般的人，对别人的缺点往往了如指掌，而对自己的缺点，不是故意装作不知道，就是选择原谅自己。18世纪美国的政治家、实业家、科学家本杰明·富兰克林认为，这两种态度都不可取。他决定给自己制造一面反映缺点的"镜子"——座右铭，尽可能地把自己的缺点缩小，如果有可能的话，就把它消灭。他的名言是："探索别人身上的美德，寻找自己身上的恶习。""成功者

高手复盘

每天都在提升自我,失败者每天都在重复自我。"

他给自己列出 13 条品德准则,每天临睡前,把自己一天的行为,按照这 13 条准则加以检查:

节制 食不过饱,饮不过量。

寡言 除对别人或自己有益的话外,不多说话;避免和人说空话。

秩序 用过的东西归还原处,做事情有条理。

果断 该做的事,坚决执行;决定履行的,务必完成。

节约 除对别人或自己有益外,不乱花钱。也就是说,切勿浪费。

勤奋 不浪费时间;经常从事有益的事情;动作利索,不拖泥带水。

诚实 不欺诈,坦白、正直;言行一致。

公正 不侵害别人,不因自己的失职而使他人遭受损失。

中庸 避免极端,责人从宽。

整洁 使自己的身体、衣服以及居住的地方保持整洁。

沉着 遇事不慌乱,无论是琐碎的、一般的事,还是不可避免的事故。

贞洁 行正言正,不损害自己的或别人的声誉。

谦虚 学习先哲的谦逊精神。

富兰克林每天都反省自己的行为,发扬优点,克服缺点。他始终遵守着他的准则，成了美国伟大的科学家和发明家，著名的政治家、外交家、哲学家、文学家和航海家，以及美国独立战争的伟大领袖。由于深受美国人的爱戴，他的头像被印在了100美元的纸币上。

真正的智者，是不会怨天尤人的。他们只会自我反省，或者自我检视，想办法找出问题的症结，然后全力去解决。那些自以为是的人，不愿意自我检视的人，不懂得自我反省的人，最终只会一事无成。

一个人最大的悲哀，并不是能力不足，也不是自身的条件不够，而是从来不进行反思，不进行复盘，不认为自己有不足、有问题。善于自我反省，敢于承认自己的不足，是一个人的修养。人只有在不断完善中，其能力和价值才能充分体现出来，才能走向成功。

自我反省，就像是照镜子，可以让你清楚地看到自己的不足之处，发现自己的问题所在，然后想办法去改善、去解决。

可以说，自省的过程就是一个自我检讨、自我反思、自我监督、自我提高的复盘过程。通过复盘，你可以更准确地认识自己，清理、打扫自己大脑中的"污垢"和"灰尘"，少犯错误，使自己的道德品质日臻完善，使自己做人做事更加机智圆融。

乐于自省的人是在工作、生活中深思熟虑的人，乐于自省是一个人有自觉性的表现。有自觉性的人，其进步必然快。古人云："克己者，触事皆成药石。"如果一个人能多反省自己，多对自己进行复盘，任何事都可以变成他的良药。

高手复盘

◉ 别人的建议只能用来参考

有的人为得到他人的认可,掉进了虚荣心的陷阱。他们或是完全按照别人的要求去做,或是以别人的是非为是非、以别人的要求为行为准则。事实上,一个人想要有所成就,不能人云亦云,失去自己独立思考的能力。如果一味地对别人、对上司、对专家唯唯诺诺、亦步亦趋,则很难获得成功。你虽然不能阻止别人对你做出不公正的评价,却可以做一件更重要的事,那就是不让自己受到那些不公正评价的干扰。别人的评价不总是客观公正的,你一定不要丧失自己的主见,要知道什么是对的、什么是错的。

有时候,我们只有敢于质疑权威,打破常规,坚持走自己的路,不被他人的言行左右,才能获得成功。

如果你读过许多名人传记,并复盘那些成功者的经历,就会发现,很多成功者都是那些能够漠视别人不客观、不公正或缺乏远见评价的人。他们往往会无视短视者的冷嘲热讽,坚持做那些"不可能的事情"。即使是那些所谓"专家"的意见,也不能阻挡他们前进的步伐。

弗雷德·阿斯泰尔(Fred Astaire)曾获得奥斯卡金像奖、美国电影协会终身成就奖,入选"百年来最伟大的男演员"。在阿斯泰尔第一次试镜之后,米高梅电影公司的测试导演在备忘录中写道:"不会演戏!有些秃头!根本不会跳舞!"多亏阿斯泰尔把那张备忘录投进了他住宅的壁炉里。

在历史上,许多伟大的故事都是以这句话为起点的:"他们说这没有可能做成!"例如,运动员、教练、医生和其他运动专家,很多年来一直认为,没有一个人能在4分钟内跑完1英里(约1.6千米)的路程,直到一位名叫罗杰·班尼斯特(Roger Banniste)的年轻人在1954年做到了这件事,从而推翻了这种说法。从那以后,很多运动健将都在不足4分钟的时间里跑完了这段路程。

类似的情况也曾发生在男子100米、200米世界纪录保持者,三届奥运冠军的牙买加短跑运动员博尔特(Usain Bolt)身上。如今,他的名字可以说是如雷贯耳。但你是否知道,他曾经因为身高、体形被排斥在牙买加短跑运动场地之外?

牙买加以田径立国,所以,还算善于跑步的博尔特进了当地一所重点高中,还获得了奖学金。

不过很快,博尔特就因为自己的身高、体形被"赶出"了田径场。他15岁的时候身高就达到了1.95米,这个身高不是教练心目中田径运动员的最佳体形。按照常理,身材越矮小越灵活,越高大越笨重,田径运动员身高在1.8米左右最合适,太矮也不行。当时,没有教练认为这种身高的博尔特会在田径赛场上成功,即便他当时是学校里跑得最快的学生。

教练认定博尔特1.95米的身高适合跑200米,也可以发展到400米,但跑不了100米。一般的人都能想到,在起跑线上,发令枪一响，矮个子反应迅速，瞬间如箭一般射出；高个子则动作缓慢，往往蹲着还没有完全站起来。然而，教练忽略了另外一个事实——虽然博尔特起步慢，但步子很大。别人百米要跑43～45步，他却只需要跑40步，而且他的速度极快。

博尔特四肢发达，头脑也不简单，思维非常清晰。他认定自己适合主攻田径。面对非议和质疑，博尔特说："我喜欢跑步，我就是喜欢它。我没想过放弃，现在不会，将来也不会。"

博尔特没有完全听从教练的建议，他觉得自己更了解自己。最终，他颠覆了田径规则，证明了大长腿也可以用来短跑。

别人对你的评价和你对自己的怀疑，时常会扼杀你对自己的正确认识和完成一项任务的信心。自信通常是一种发自内心的对自己的感觉，是你能做成"不可能"事情的动力。当你能强化这种微妙的感觉时，你就会把这种感觉运用到实际行动之中。

你一定不能用别人的意见代替自己的判断和决定，你必须清楚什么样的意见应当接受，什么样的意见应当忽略。刚开始，这样的选择可能很难做出。但是，借助复盘这个强有力的工具，你一定可以做到。

你甚至可能要经历数次失败，才能做出行之有效的选择。但即使那样也不无裨益——尽力做过而未能成功，也比什么都没做就失败要好。你尝试的次数越多，就越能清醒地认识到自己的能力和不足，你做出的选择也会变得更加可行、更符合自身的实际情况。

别人的批评或评论只代表他们个人的观点，而无论是做人还是做事，你都应该有自己的主见，不要时时、事事都被别人的意见左右。虽然你在坚持自己的意见时，即使是最亲近的家人或朋友也可能会反对你，但是你有时必须勇敢地坚持己见。只要你能用实际行动取得成功，证明自己是正确的，反对的声音自然会烟消云散。

当然，这并不是说你要独断独行、不顾是非黑白，而是说你在听到别人的意见之后，一定要做出理性的分析和判断，从而认清事实，不受别人意见的左右。

记住：你心中那个伟大的自己一直在扮演深知你什么能做、什么不能做的重要角色，当你给内心中那个渴望掌控你生活的自我以正确的回应时，你会变得越来越自信。

◉ 为自己找到成功型的性格

张茜觉得自己过于平庸，甚至将自己置于失败者之列。她希望自己更成功，自己的生活更美好，于是就向成功学专家咨询。

张茜找到一位具有丰富复盘经验的专家，在他的指导下，张茜逐步做出改变。

首先，专家要求张茜找到自己性格中的内核。他让张茜询问四个非常熟悉她的人，问他们对她抱有什么看法。正派、温和、助人、友善、谦让，是他们对张茜的评价。这是一种不会给外界带来麻烦的性格，但不是成功型的性格。

其次，专家问张茜一个问题——"你如何看待自己？"，并给她布置了家庭作业,让她把自己想象成一个电影中的角色。她选择了电影《驴得水》中张一曼这个角色。在影片中,张一曼是三民小学的会计兼数学老师。她外表风情万种,内心却单纯善良;她梦想着遵从内心、追寻自由,却被所有人指责、辱骂……当被问及为什么会选择张一曼这个角色时,她说:"她就是我,她是一个很好的典型。"她的理由是正确的。张一曼与张茜一样,是一个自卑者。专家告诉张茜,如果她想去掉自己身上的自卑性格,她就应当马上做出改变。张茜咬着指甲呆笑一阵后,承认常常把自己想象成张一曼,因为对方是个富有热情、充满理想的人。

再次,专家要求张茜说出一个她所崇拜的人。张茜马上答道:"《我不是潘金莲》中的李雪莲。"李雪莲是一个普通的农村妇女,一个被丈夫污蔑为"潘金莲"的女人。为了纠正一句话,她与上上下下、方方面面打了十多年交道。在十多年的时间里,她从镇到县,由市至省,再到首都,一路与形形色色的人斗智斗勇、周旋不断,坚持不懈地为自己讨公道……张茜崇拜李雪莲,是因为"她坚持自己的信念,并且为自己的信念而斗争"。当张茜谈论李雪莲时,她的眼中闪着一种光芒。随后,专家给张茜布置了家庭作业,让她在上述两个不同性格的妇女中,确定一个作为自己的性格目标。当张茜毫不犹豫地说出结论时,大家可能会对她的回答感到惊讶。她说:"我既想像张一曼一样单纯、热情开朗和友善,又想像李雪莲一样让别人听到自己的意见,走自己的路。"张茜对自己的性格设计是非常出色的,事实上,她已经完全不是原来的那个张茜了。

最后，专家要求张茜改变以往暮气沉沉的面貌。专家建议她在服饰和发型上打扮得更为年轻、有朝气。

半个月过去了，张茜并没有行动。后来，专家通过帮助她复盘，找到了她踌躇不前的原因——她心里害怕那种新的、有效的性格。她担心改变性格后，会失去过去那种依附于一个群体的安全感。她过于依赖那些把她当成一个弱者的人对她的赞同。

张茜需要极大的勇气来改变自己的性格。

张茜的担忧不是没有道理的。当她的父母赞同她的做法，并尽力帮助她时，她却在工作中失去了往日朋友的支持。他们没想到，张茜这位平时胆小、随和的小职员，竟也成了一名竞争对手。她的直接上司则可能是因为不适应这位下属的变化，竟给她的工作制造了麻烦。

令张茜本人都吃惊的是，她坚持了正确的选择，找到了一份时间相对自由的工作。这使她有足够的闲暇时间可以去大学里进修。后来，她还接受了管理方面的培训。可以说，她成功了。

张茜的经验是值得每个不满足、不甘心于目前生活的人借鉴的。让我们再细致地总结一下找到成功型性格所需的步骤。

（1）找四个熟悉你的人，问他们对你的印象如何；确定你是否喜欢他们的回答；判断你为什么喜欢或不喜欢留给别人的那种印象。

（2）如果你是一名演员，那么你希望扮演什么角色。明确一下你为什么喜欢这个角色。

(3)选择任何一个你所崇拜的人,罗列出他身上那些使你崇拜的特征或品质。

(4)把(2)和(3)综合成为你所选择的性格。

(5)改变你不喜欢的性格(包括形象、行为等),强化你喜欢的性格。

(6)表现你的新性格。

需要注意的是,你不要指望能很快找到成功型的性格。要成功地改造自己的性格,你必须以自己性格中的内核为基础。就像一盘重新录制的磁带一样,你终将把失败转变为成功。

上述的性格选择模式只是一个参考。优化性格会经历一个非常困难的时期,你要以积极的态度去设想自己的性格。这里提供的复盘方式,有助于你在自我改变和发展的过程中迈出重要的一步。

● 发现和发展自己的长处

请认真反思一下,在生活中,你是否容易产生这样的想法:

- "我不行……"
- "我不能控制自己的情绪……"
- "我不能掌控局势……"
- "我没有能力从事高难度的工作……"

第二章 用足够的反思去探索自己

- "我的学历太低……"
- "我害怕，假如……"
- ……

你之所以会有以上种种想法，是因为你认为自己无论哪方面都不如别人。事实上，这种想法对你非常有害。假如你不去掉这种想法，那么无论是在生活中还是在工作中，你都有可能失败。因此，正确地评价自己，发现自己的长处，肯定自己的能力，不再自贬身价，是非常重要的。

小林曾经是一个喜欢否定自我、自贬身价的人。大学毕业后，他进入一家公司当推销员，虽然生活有了基本保障，公司也给了一些其他方面的福利，但他的理想是做一名金牌推销员。因此，他决定去另外一家保险公司面试，希望能获得一份待遇较高且能实现自己人生理想的工作。

就在面试的前一天，小林对自己的生活进行了一次简单的复盘。

回顾自己多年的经历，一种莫名的惆怅涌上心头，他懊恼地想："我的才智并不比其他人低，可毕业这么长时间了，自己仍一事无成，只是一名小小的推销员。而昔日的同学，有些成了老板，有些在自己的岗位上干得有声有色。什么原因导致了我们之间巨大的差距呢？"

经过一夜的思考，小林找到了问题的根源——他发现自己从懂事以来，就是一个缺乏自信、不思进取、得过且过、妄自菲薄的人。他总认为自己无法成功，总是自贬身价，从不肯定自己，不相信自己有能力获得成功。

于是，小林下定决心，不再有不如人的想法，不再自贬身价，要全面完善自己的性格，塑造一个全新的自我。

第二天，他满怀自信地去保险公司面试，结果顺利地被录用了。三年后，小林成为这家保险公司最优秀的推销员。公司的老板和同事，甚至客户，都认为小林是一个自信、乐观、主动、热情、聪明的人。

可见，小林的复盘是成功的，努力的方向是正确的。这说明了一个道理：只要你通过复盘找出自己出现问题的根源，努力地提高自己，有意识地改变自己，你的人生就会发生天翻地覆的变化。

在真正的强者面前，缺陷是可以被漠视和战胜的。

美国历史上唯一连任四届总统的罗斯福就是一个有缺陷的人。他小时候是一个脆弱、胆小的学生，在课堂上总显露一种惊惧的表情。如果被点名背书，他立即会双腿发抖，嘴唇也颤动不已。由于牙齿的问题，他也没有一张英俊的面孔。

他很敏感，常会回避同学间的各种活动，不喜欢交朋友。然而，罗斯福虽然有这些方面的缺陷，但是有一种奋发向上的精神——一种任何人都可具有的奋斗精神。事实上，缺陷促使他更加努力奋斗。他没有因为同伴对他的嘲笑而丧失勇气。他喘大气的习惯变成了一种坚定的声音。他咬紧牙齿使嘴唇不颤动，用这种方法来克服自己的恐惧心理。

没有人比罗斯福更了解自己，他清楚自己身体和心理上的种种缺陷。他从来不欺骗自己，认为自己是勇敢、强壮或英俊的。他要用行动来证明自己可以克服先天的缺陷而得到成功。最后，他果然做到了。

可见，最可怕的不是存在缺陷，而是缺乏不断使自己进步的自信心和奋斗精神。这样，即使消除了缺陷，你仍然不能放开手脚去追求理想、享受生活。

如果一个人自以为是美的，那么他真的就会变美；如果他总是认为自己一点魅力都没有，那么他真的就会变得目光呆滞、毫无生气。自我认知的变化会产生神奇的效果。

心理学家从一群大学生中挑出一个成绩最差、最不招人喜欢的姑娘，并要求她的同学们改变以往对她的态度。在风和日丽的一天，大家都争先恐后地照顾这位姑娘，送她回家，并以假作真地认定她是位聪明、美丽的姑娘。结果不到一年，这位姑娘变得妩媚婀娜、姿容动人，连她的举止也同以前判若两人，她觉得自己"获得了新生"。其实，她并没有变成另一个人，然而在她的身上却展现出每一个人都蕴藏的美，这种美只有在你相信自己，周围的人也都相信你、爱护你的时候，才会展现出来。

许多人以为，信心的有无是天生的、不变的，其实并非如此。童年时代受人喜爱的孩子，从小就认为自己是优秀、聪明的，因此才获得了别人的喜爱。于是，他就尽力使自己的行为名副其实，最终使自己成为自信的人。那些不太受人喜爱的孩子呢？有人可能会训斥他们："你很笨，什么都做不好！"于是，他们就真的变得什么都做不好。人的品行基本上取决于自我认知。每个人心中都有各自为人的标准，人们常常把自己的行为同这个标准进行对照，并据此指导自己的行动。

因此，如果你想进行自我改造，加强某方面的修养，你就应该首先改变对自己的看法。不然，你对自我改造做出的全部努力便会落空。

在生活中，你并不总是能够控制：

- 别人对你做了什么。
- 什么事情会在你身上发生。
- 你出生在哪里。
- 你会受到什么身体伤害。
- 开始创业时你有多少资金。
- 别人怎么看待你。
- 别人如何期待你。
- 你的智商是多少。

　　…………

但是，你都能够且确实可以控制：

- 别人对你做出某些举动时，你如何做出反应。
- 某些事情在你身上发生时，你如何处理。
- 你如何生活。

- 你如何使用你的体能。
- 你如何利用那些与生俱来的潜能。
- 你对别人的观点做出怎样的反应。
- 你是不是能够或者愿意按照别人的意愿生活。
- 你如何充分发挥你的聪明才智。

....

在很多方面,你是"独一无二"的。也就是说,你具有自己独有的特征。你具有:

- 独特的天赋和能力。
- 独特的机会。
- 独特的智能。
- 独特的自我形象。

实际上:

- 没有人能像你一样,做出你所做的一切。
- 没有人能够拥有和你一样的机会。
- 没有人能了解你所了解的一切。
- 没有人会和你具有完全一样的个性。
- 没有人对你的看法和你对自己的看法完全一致。

高手复盘

如果你特别希望成为成功、幸福的人，那么请你在对自己进行复盘的时候，坚持做下面的练习。

（1）至少列出 10 个你所具备的优点。尽可能多地列出自己的优点，但一定要诚实。如果暂时列不出 10 个，那就努力想一想：还有哪几个方面你通过努力是可以改进的，怎样才能把它们转变成自身的优点。

（2）列出你不喜欢自己的地方，内容可多可少，但一定要诚实。在你认为你能改正的方面打一个钩。写两项决定：一是接受决定，接受你不喜欢但你不能改变的地方；二是改变决定，保证改变你能改变的地方。

（3）简短地描绘一下你希望成为的人，但要充分考虑自己的能力和局限性。

（4）思考自己该如何完善自己，并写出改善的计划和具体的行动方案。

（5）采取行动。

通过经常复盘，你可以强化自信，并充分发展你的特性，使它们成为你的特长。

◉ 采取令人振奋的自爱行动

比学会自我肯定更进一步的，是学会爱自己。不管自己是

第二章 用足够的反思去探索自己

不是存在某些缺陷,只要巧妙借鉴复盘的技巧,你就可以做到爱自己。

一个人爱自己的方式有很多,你可以选择从喜欢自己的身体开始。

你是否经常站在试衣镜前欣赏自己的身体?你喜欢自己的身体吗?

如果你不能给出肯定的答复,那就具体地分析一下自己身体的每一个部位,并列出你喜欢或不喜欢的部位(从头开始——你的头发、前额、眼睛、眼睑、面颊……)。你喜欢你的嘴巴、鼻子、牙齿和脖子吗?你喜欢你的体形、手臂、手指和肚子吗?……

总之,你可以列出一张很长的单子,以彻底审视自己的身体。你或许并没有一个漂亮的身体,但它就是你的身体,不喜欢它就意味着你不能接受自己,更谈不上爱自己。

也许你的某些身体特征确实无法令自己喜欢,你曾经特别羡慕别人。如果这些特征可以改变,你就下决心去改变它们。

如果你的肚子太大或发色不好看,你可以将这种结果看作是过去的自己做出的选择。你现在完全可以做出新的选择并加以改变。至于你不喜欢但又无法改变的那些特征(如腿短、眼睛小等),你只能改变自己的观点和眼光。你也许一直用他人对美的观点来衡量自己,你应该努力去喜欢自己的身体,并想办法使它既具有价值又富有美感。

对于自我形象,你也可以做出同样的选择。比如,在智力方面,你可以按照自己制定的标准来判断自己是否聪明。即使你在数学、英语或写作方面水平较低，也不能说明你的智力很低。如果你多花些时间加以训练，就一定可以提高自己的水平。因此，某些缺点只是暂时的状况，这与你聪明与否并无直接联系。你之所以会低估自己，很可能是因为你总是在沿用人们对智力的通常概念，并把自己的学习成绩或工作业绩与他人进行比较，进而简单地得出结论。

虽然自我贬低可能比自我吹嘘要容易得多，但请记住，成长与发展是衡量生命的标尺，如果你拒绝让自己成为一个自爱的人，你就很难充分发挥自身的潜能，更难以尽情地享受生活。因此，你要通过不断复盘和努力，逐渐改正自我否定的习惯，充满信心地去规划生活、实现理想。

自爱练习应始于你的思想，你必须通过经常复盘去发现自己的错误，学会控制自己的思想。这就要求你无论何时何地，都能够及时发现自己的自我否定行为，并及时停止或纠正。

例如，你发现自己刚说了句自我贬低的话："我真没什么了不起，这回考试成绩优秀，只不过是因为运气好。"

这时，你应马上在头脑中敲起警钟："我又说这种话了，又做出了这种自我嫌恶的行为。但我现在已经意识到了，下次不要再说这种话了。"

接下来，你要采取有针对性的策略纠正自己的错误，你可以对自己大声说："刚才我说我运气好，可这和运气没有什么关系。我考试成绩优秀，是因为我平时付出了努力，我应该得到优秀。"这便是向自爱迈出的小小一步。

虽然这种做法可能让你有点不太习惯，但如果你能够坚持，你就会养成一种新的习惯，而不必时刻关注自己的行为。

一旦通过多次复盘，你在思想上产生了一种新的认识，那些令人振奋的自爱行动便会不断地展现于你的生活中。

◉ 别逃避自己能做得很好的事

小李是一个非常聪明的青年人，他在大学里的学习成绩很好，喜欢运动。在学院里选拔学生会干部的时候，虽然同学们都觉得他很可能被选中，但是他没有报名；工作后，他专业对口，业务能力也很强，颇得同事喜欢和领导赏识，但是在公司竞聘主管的时候，他拒绝了同事的劝说，主动放弃了参与的机会……

这类事情乍看起来有些奇怪，小李为啥"不求上进"，或者说"见好事就躲"呢？

按照心理学家阿特金森（John Atkinson）的说法，人的行为动机有两大类：一是力求成功，二是避免失败。显然，这很符合大多数人的认知。

人本主义心理学家马斯洛早就发现了一种现象：一般的人容易"害怕成功"。他在给研究生上课的时候，曾向他们提出如下问题：你们中的谁希望写出美国最伟大的小说？谁渴望成为一个圣人？谁将成为伟大的领导者？你们正在悄悄计划写一本伟大的心理学著作吗？在这种情况下，学生们通常的反应都是咯咯地笑、红着脸、不安地晃动，或者结结巴巴地搪塞过去。

高手复盘

人不仅害怕失败,也害怕成功。这种心理会让人在机遇面前选择自我逃避、退后畏缩,导致不敢去做自己能做得很好的事,甚至逃避发掘自己的潜力,以至于影响自己的成长和发展。

你会这样吗?如果不能确定,不妨问问自己下面这些问题:

- 你是否觉得自己的工作能力、运动能力,或者家庭条件不如别人?
- 在众人面前,你是否不愿表现自己,比如不会参加演讲之类的比赛?
- 你是否会经常抱怨自己怀才不遇?
- 为了"满足于现状"或"求稳怕乱",你是否会用"知足常乐"来安慰自己?
- 你是否根本没想过自己将来会成为一个什么样的人?
- 你是否会贬低自己所就读的学校,或者贬低自己目前所从事的职业?
- 确定目标的时候,你是否会犹豫不决、改来改去?执行决定时,你是否会"三天打鱼,两天晒网"?
- 你是否相信"人怕出名猪怕壮""枪打出头鸟""高处不胜寒"?
- 你是否会忌妒别人的优秀和成功,嘲笑别人的不幸?
- 你是否觉得身边的人对你不够友好?

如果你对以上超过一半的问题回答了"是",那么你就需要努力去改变自己了。

　　许多人心中都或多或少地深藏着这种心理。这可能是因为我们小时候由于自身条件的限制和不成熟，在面对各种事情时心中容易产生"我不行""我办不到"等消极的念头。如果周围环境没有给予我们足够的安全感和机会，使我们成功、供我们成长，这些念头就会一直伴随着我们。

　　很明显，有些人之所以成就不大，不在于其智商不够高，而在于其没有克服自己心理上的障碍。只有不断向自己挑战，努力克服心理障碍，你才能取得更大的成功。

　　那么，怎么消除这种心理的影响呢？

1. 坦然面对问题

　　对自己的情况进行认真反思和评估，如果觉得自己有这种心理，就要大胆地承认。坦然面对问题，才有利于解决问题。你要先努力找出自己在害怕什么，是考试、比赛，还是职场竞争？然后写下自己害怕的原因，并分析这些原因，思考消除它们的方法。

2. 为自己积聚信心和能量

　　在面对自己不愿承担或不敢承担的压力时，要认真倾听自己内心的声音，告诉自己"你一定能行"，在心里为自己积聚信心和能量，克服恐惧，最终展现自己的实力。"走自己的路，让别人说去吧！"你要经常回顾自己的成绩，回忆自己的成功经历，在生活和工作中有意识地培养自信心，克服成长过程中的恐惧，同时也要看到自身的不足，量力而行。

3. 停止和他人比较

在幼年时,有的父母可能会拿自己的孩子和同龄孩子进行比较。在比较中,孩子会感受到挫折,进而形成心理阴影。所以,你要停止和他人比较。每个人都有自己的特色、自己的生活,没必要和他人比较,做好自己才最重要。

4. 倾听自己内心的声音

每个人都有自己独特的气质,每个人都拥有一个自我。自我实现就是要让这个自我显露出来。你要倾听自己内心的声音,静下心来思考自己是谁、是哪种人,喜欢什么、不喜欢什么,而不要一味地关注父母的声音、专家的声音、身边其他人的声音。不被各种声音困扰,只跟随自己的内心,是一件非常困难的事。然而,你必须认识到:只有不断战胜困难、完善自己,你才能逐渐成为一个杰出的人。

⊙ 找到自我鼓励的有效方法

一家杂志社有过这样的报道:

研究人员把水平相当的足球队员分为三个小组,告诉第一个小组,停止练习射门一个月;告诉第二个小组,在一个月中每天下午在球场中练习射门一个小时;告诉第三个小组,在一个月中每天在自己的想象中练习射门一个小时。你猜最后的结果如何?

一个月后,在研究人员将结果公布的时候,几乎所有的人都感到意外。第一组射门的成功率由 39% 降为 37%，这个结果在情理之中；第二组射门的成功率由 39% 上升到 41%，这也应该在大家的预料之中；最令人惊奇的结果出现在第三组，他们射门的成功率由 39% 上升到 42.5%。

在想象中练习射门怎么能够比在球场中练习射门的成功率还要高呢？很简单，这是模拟成功的效果。在第三组人的想象中，他们踢出的球都进入了球门——这实际上是一种特殊的复盘。

成功者不断地创造或者模拟着他们想要获得的经历，通过模拟成功来激励自己。在他们的想象中，他们就是成功者。结果，他们真的成了成功者。而失败者往往在一次次的失败经历中被打倒。此后，在他们的想象中，只有失败没有成功，于是他们就成了彻头彻尾的失败者。

在通往成功的路上，形象化的设想（或者说在脑海里创造出鲜明的、激动人心的画面）是你拥有的一个有力的、却没有得到充分使用的工具。这实际上运用的也是复盘的原理。不过，这种通过想象复盘"想要获得的经历"，必须与过去的真实经历相结合、相符合，不能随心所欲。

你在真实生活中进行各种活动与你在脑海中设想自己进行这些活动，大脑的思维过程是相同的。换句话说，大脑会认为设想做某件事和实际做某件事之间，并无本质区别。

这一原理同样可应用在学习新知识上。哈佛大学的研究人员发现，设想过如何完成作业的学生，作业的正确率接近 80%；

而没有设想过的学生，正确率只有 55%。

形象化设想能使大脑完成更多工作，从而释放你的潜能。尽管学校从来没有教过你如何利用这一工具，然而，从 20 世纪 80 年代开始，运动心理学家就已经开始普遍应用形象化设想的力量了。现在，几乎所有的奥林匹克选手和职业运动员都采用这种方法来提高自己的运动成绩。

这听起来有些不可思议，但是这样的做法确实有帮助。

当你每天在脑海里预演目标已达成的情况时，你的潜意识会处理你设想的内容和你现在的情况之间的冲突，让它变成全新的、更令人激动的场面。

不断进行形象化设想，不断强化这一冲突，可以调整你大脑的神经系统，使你意识到"能帮助你实现目标"的因素，同时抛弃那些影响你成功的因素。

它还能刺激你的潜意识，让你创造出达到你理想目标的方法，也就是找到那些得到你想要的东西的途径。清晨醒来，你会发现脑子里蹦出很多点子；你在洗澡的时候会冒出好主意；你在散步的时候会想出好办法；即使你在开车上班的路上、吃午饭的时候，也会灵光一闪。

最重要的是，它将提高你的主观能动性。你会发现自己比以前更能干了，做起事来更轻松了。

形象化设想需要经常练习。比如，足球运动员会经常练习如何在终场前射门得分；音乐家会经常练习完美地演奏一首名曲；销售人员会经常练习促成交易的话术，比如"如果你今天就开

第二章 用足够的反思去探索自己

支票,我可以给你5%的现金折扣,这样你就可以为公司节约5万元。"

如果你觉得你的想象力有限,不能清晰地看到目标,你可以收集一些照片、图画和符号,帮助你的意识和思维集中关注你的目标。比如,如果你的目标是拥有一辆奔驰S级轿车,那么你可以带上相机,去当地的汽车经销商那里,找一位销售员,告诉他你想照一张你坐在驾驶位的照片。

同样,如果你的目标是去巴黎,那么你可以找一张埃菲尔铁塔的明信片,剪一张你的照片贴在埃菲尔铁塔的脚下,把它当作你在巴黎的照片。

在陷入低谷的时候,能够鼓励你走出来的人可能不多,所以,你应该学会鼓励自己。

当然,我们并不否定别人鼓励的作用。事实上,得到他人的鼓励会让你更快地走出低谷,让你产生一种向上的力量。但是千万别乞求、期待别人来鼓励你,这样会让你像个可怜虫,这种鼓励也会带有怜悯和看轻你的意味。

千万别依赖别人的鼓励来获得勇气和力量,因为你未来的路可能还会有许多坎坷,不一定每次在你陷入低谷的时候,都会有人来鼓励你。所以,你要学会鼓励自己,让勇气和力量在自己心中产生。这就好比你自己挖了一口井,井水就能从这口井中源源不断地涌出。在任何时候、任何情况下,你都可以自己取用。

在陷入低谷的时候,你要告诉自己:我一定要走出低谷,我要向所有人证明我的坚韧与毅力,我能做到!

有了坚定的信念,接下来就是付诸行动了。那么到底该如何鼓励自己呢?

你可以在墙上贴满励志标语,并且每天在固定的时间默念;你可以找个僻静的地方痛快地哭一场,将心中的不快发泄出来,然后再抬起头来面对新的一天;你也可以看成功人物的传记,用他们的经历来鼓励自己。需要注意的是,开始时不要对自己的要求太高,可以先轻松地做成几件事情,再用这些成功的经验来鼓励自己。

其实具体的方法有很多,每个人都可以找到适合自己的鼓励方法。

记住:懂得通过复盘反思和提高自己的人,懂得鼓励自己的人,就算不是一个成功者,也绝对不会是一个失败者。

第三章

仔细规划自己未来的人生

成功者与平庸者的区别在于：成功者始终有一个明确的目标、清晰的方向，并且会自信心十足、坚定不移地一步步实现目标；而平庸者却终日浑浑噩噩、优柔寡断，不知道该干些什么。每个人都应该尽早确定一个适合自己的前进方向，并经常通过复盘进行校准，不断提升实现目标的能力。这样虽然避不开狂风巨浪，但是总比随波逐流、漫无目的地漂泊要好。

● 为自己制定一份"一生的志愿"

美国探险家约翰·戈达德（John Goddard）有句名言："凡是我能够做的，我都想尝试。"

在约翰·戈达德 15 岁的时候，他就把自己想干的大事列了一张清单，那时的他还是洛杉矶郊区的一个没见过世面的孩子。他将这张清单命名为"一生的志愿"，并给每个目标都编了号，一共 115 个目标（后面有"✓"的，表示截至 2016 年已完成）。这张清单具体如下。

探险：

1. 尼罗河；☑
2. 亚马孙河；☑
3. 刚果河；☑
4. 科罗拉多河；☑
5. 中国长江；
6. 尼日尔河；
7. 委内瑞拉奥里诺科河；
8. 尼加拉瓜科科河。☑

研究文化：

9. 澳大利亚；☑
10. 肯尼亚；☑
11. 菲律宾；☑
12. 坦桑尼亚；☑
13. 埃塞俄比亚；☑
14. 尼日利亚；☑
15. 美国阿拉斯加州。☑

爬山：

16. 珠穆朗玛峰；
17. 阿空加瓜山；
18. 德纳里山；
19. 瓦斯卡兰山；☑
20. 乞力马扎罗山；☑
21. 亚拉拉特山（阿勒山）；☑
22. 肯尼亚山；☑
23. 库克山；
24. 波波卡特佩特火山；☑
25. 马特霍恩峰；☑
26. 雷尼尔山；☑

高手复盘

27. 富士山；☑

28. 维苏威火山；☑

29. 印度尼西亚婆罗摩火山；☑

30. 大提顿峰；☑

31. 贝尔蒂山。☑

摄影：

32. 伊瓜苏大瀑布；☑

33. 莫西奥图尼亚瀑布（维多利亚瀑布）；☑

34. 索色兰瀑布；☑

35. 约塞米蒂瀑布（优胜美地瀑布）；☑

36. 尼亚加拉瀑布。☑

水下探险：

37. 佛罗里达珊瑚礁；☑

38. 澳大利亚大堡礁；☑

39. 红海；☑

40. 斐济岛；☑

41. 巴哈马群岛；☑

42. 奥克弗诺基沼泽和大沼泽地。☑

旅游：

43. 南北极；
44. 中国长城；☑
45. 巴拿马运河和苏伊士运河；☑
46. 复活节岛；☑
47. 科隆群岛（加拉帕戈斯群岛）；☑
48. 梵蒂冈（见到了教皇）；☑
49. 泰姬陵；☑
50. 埃菲尔铁塔；☑
51. 吉诺蓝岩洞；☑
52. 伦敦塔；☑
53. 比萨斜塔；☑
54. 奇琴伊察圣井；☑
55. 澳大利亚艾尔斯岩石；☑
56. 从加利利海循着约旦河到达死海。

游泳：

57. 维多利亚湖；☑
58. 苏必利尔湖；☑
59. 的的喀喀湖；☑
60. 尼加拉瓜湖。☑

> **高手复盘**

完成如下任务：

61. 参加雄鹰童军营；☑
62. 乘潜艇潜入海底；☑
63. 在航空母舰上起落飞机；☑
64. 驾驶小飞艇、热气球及滑翔机；☑
65. 骑大象、骆驼、鸵鸟及野马；☑
66. 潜水至 12 米以下并憋气两分半钟；☑
67. 抓住一只 4.5 千克的龙虾和一只直径达 25 厘米的鲍鱼；☑
68. 演奏长笛和小提琴；☑
69. 每分钟打字 50 个；☑
70. 跳伞；☑
71. 学会滑雪和滑板；☑
72. 参加一次传教活动；☑
73. 穿过约翰缪尔步道；☑
74. 学习地方医学并带回有用的医疗技术；☑
75. 拍摄大象、狮子、犀牛、猎豹、南非水牛及鲸鱼；☑
76. 学习击剑；☑
77. 学习柔道；☑
78. 在大学教一门课；☑
79. 在巴厘岛看火葬仪式；☑
80. 探寻深海秘密；☑
81. 参演《人猿泰山》；

82. 拥有一匹马、一只黑猩猩、一头猎豹、豹猫及丛林狼；

83. 成为业余无线电通信员；

84. 制造一台望远镜； ☑

85. 写一本关于尼罗河探险的书； ☑

86. 在《国家地理》杂志中发表文章； ☑

87. 跳高 1.5 米； ☑

88. 跳远 4.6 米； ☑

89. 在 5 分钟内跑 1 英里[①]； ☑

90. 体重在 80 千克以内（始终保持）； ☑

91. 连续做 200 个仰卧起坐和 20 个引体向上； ☑

92. 学习法语、西班牙语和阿拉伯语； ☑

93. 研究科莫多岛上的巨蜥；

94. 访问外祖父索伦森在丹麦的出生地； ☑

95. 访问祖父戈达德在英格兰的出生地； ☑

96. 在一艘货船上做水手； ☑

97. 阅读《不列颠百科全书》（已经阅读了 24 卷）； ☑

98. 从头至尾阅读一遍《圣经》； ☑

99. 阅读莎士比亚、柏拉图、亚里士多德、狄更斯、梭罗、爱伦·坡、罗素、培根、海明威、马克·吐温、伯勒斯、康拉德、托尔斯泰、朗费罗、济慈、惠蒂尔及爱默生的作品（并不是每一部作品）； ☑

---

① 1 英里=1609.344 米。

100. 熟悉巴赫、贝多芬、德彪西、易博尔、门德尔松、拉罗、林姆斯基·科萨科夫、莱斯比基、李斯特、拉赫玛尼诺夫、斯特拉文斯基、巴托克、柴可夫斯基、威尔第的作品；☑

101. 精通飞机、摩托车、拖拉机、冲浪板、来复枪、手枪、独木舟、显微镜、足球、篮球、弓箭、套索及回旋镖的操作技术；☑

102. 作曲；☑

103. 用钢琴演奏《月光曲》；☑

104. 观看渡火仪式（在巴厘岛和苏里南）；☑

105. 取一条毒蛇的毒液；☑

106. 用子弹口径为 0.22 毫米的来复枪点燃火柴；☑

107. 参观一个电影工作室；☑

108. 爬胡夫金字塔；☑

109. 成为探索俱乐部和冒险俱乐部的会员；☑

110. 学会打马球；☑

111. 徒步加乘船穿越大峡谷；☑

112. 环球旅行（四次）；☑

113. 月球旅行；

114. 结婚生子（两个儿子和四个女儿）；☑

115. 活到 21 世纪。☑

戈达德想清楚了自己的梦想，并把它们一一写在纸上，随后就开始行动。

16岁的戈达德首先在父亲的陪同下顺利完成了奥克弗诺基沼泽和大沼泽地的探险计划。在这一过程中,他学会了开拖拉机,还学会了只戴面罩不穿潜水服到深水潜游。

随后几年,他先后到加勒比海、爱琴海和红海去潜水。

20岁的时候,他成为一名空军,在欧洲上空进行过30多次战斗飞行。

先后在21个国家旅行之后,在22岁的时候,他成为"洛杉矶探险家俱乐部"有史以来最年轻的会员。接下来他就开始筹备去尼罗河探险——在他看来,这是一项宏伟而充满挑战的计划,因此他用了3年多的时间做准备工作。

一切准备就绪,26岁的戈达德和另外两名探险伙伴从布隆迪高原的尼罗河源头之一出发,乘坐一只小皮艇开始穿越6670千米的长河。尽管途中他们遇到了河马的攻击、遮天蔽日的沙尘暴、长达数千米的激流险滩,还受到过河道上持枪匪徒的追击,因蚊虫叮咬不止一次感染疟疾,但是10个月后,他们还是到达了尼罗河的终点——地中海。

2016年,74岁的戈达德已经达成了115个目标中的101个。他获得了一个探险家所能享有的荣誉,其中包括成为英国皇家地理协会会员和纽约探险家俱乐部的会员。此外,他还成为电影制片人、作者和演说家。

尽管在实现自己目标的征途中,有过十几次死里逃生的经历,但是戈达德无怨无悔。他说:"我制定了那张奋斗的蓝图,心中有了目标,我就会感到时刻都有事做。我也知道周围的人往往墨守成规，他们从不冒险，从不敢在任何一个方面向自己挑战。我决心不走这条老路。""这些冒险的经历教我学会了百倍地珍惜生活，也让我体验到了冒险和尝试的乐趣。人们往往活了一辈子，却从未真正了解自己所拥有的巨大勇气、力量和耐力。这些蕴藏在体内的巨大潜力，只有在我们面对危险、挑战、压力的时候，才能真正被激发和释放出来。"

几乎所有的人都有自己的目标和梦想，但并不是每个人都会去努力实现它们。戈达德在年轻的时候制定了"一生的志愿"，后来，其中有些事情他不再想做了，比如攀登珠穆朗玛峰、参演《人猿泰山》等。这是很正常的现象，也是明智、务实的决定。制定奋斗目标往往是这样的：有些事可能力不从心，不能完成，但这并不意味着你会放弃全部的追求。值得一提的是，在 15 岁之后，他又设立了 500 多个新的目标。

每个人都应该为自己制定一份"一生的志愿"。你可以通过复盘来检查一下自己的生活并提出这样一个问题："假如我只能再活一年，那么我准备做些什么？"每个人都有想要实现的愿望，别拖延，从现在就开始做。不断进取的人生是最美的。为自己制定明确的人生目标，并在实现目标的过程中不断完善自我，敢于尝试，生命才能充满意义。

清晰的目标有助于把握自己的命运

一个没有目标的人就像一艘没有舵的船，漂流不定，只会到达失望、失败和丧气的海滩。一位商界知名人士在接受采访时被记者问道："到底是什么因素使人无法成功？"

他回答："模糊不清的目标。"

记者请他进一步解释。这位商界知名人士说："我在几分钟前就问过，'你的目标是什么？'你说希望有一天可以拥有一座山上的小屋，这就是一个模糊不清的目标。问题就在'有一天'不够明确，因为不够明确，所以成功的机会也就不大。如果你真的希望在山上买一座小屋，那么你必须先选定一座山，算出你想买的小屋的现值，然后考虑通货膨胀因素，算出5年后这座小屋值多少钱；接着你必须确定，为了达成这个目标，你每个月要存多少钱。如果你真的这么做了，你可能在不久的将来就会拥有一座山上的小屋。但如果你只是说说，梦想就不会实现。梦想是愉快的，但没有配合行动计划的模糊梦想，只是妄想。"

不是每个人都重视制定人生的目标，这是正常的。美国一个研究成功学的机构，曾经长期追踪100个年轻人，直到他们年满65岁。结果发现：他们中只有1人很富有，有5人有经济保障，剩下94人的情况都不太好（可算是失败者）。这94人之所以晚年拮据，并非年轻时不够努力，主要是因为他们没有制定清晰的目标。

西班牙一家咨询公司采访了5000名经理人员，并对他们取得成就的原因进行了深入的分析与研究。结果表明，尽管这些人年龄不同、专业各异，但他们都有一个共同之处：总的来说，凡是那些事业有成的人，都有一个明确的目标。

人类和其他动物是不同的，也可以说人类是实行计划生活的动物。人和一般动物的最大不同点，就是人有目标、能制订计划，并且会思考。为了成功，你必须及早制定明确的目标，同时努力去实现它。

一个国家会在不同发展阶段制定不同的目标。对个人来说，不断制订、调整有利于个人发展的工作计划也是十分必要的。

制定目标并朝着目标不懈努力，可以帮助你把握自己的命运，原因如下：

（1）目标可以给你奋斗的目的和方向。

（2）目标可以给你不要拖延的最好理由。

（3）目标可以帮助你集中精力，从而不懈地努力。

（4）目标可以激起你工作的热情。

（5）目标可以使你更有效率。

（6）目标可以给你自己、你的领导和你生活中的其他人节省时间。

（7）目标可以帮助你挣钱和积攒钱财。

（8）目标可以帮助你以长远的眼光看问题。

（9）目标可以使你对自己有一个清醒的认识。

（10）既定目标是你制定新目标的基础，它可以帮助你抓住机遇，不断发展。

心理学家认为："一个人的一生，总有大大小小的追求。追求是一个人的精神支柱,如果一个人没有任何追求,他很难愉快地生活下去。"这话是很有道理的。仔细想一下,每个人都有自己的追求。人的一生可以有各种不同的追求,小到撰写一篇文章、攒钱买一部手机、拿下自学考试文凭,大到成立自己的公司、成就一番事业,等等。

一般来说,你最好分别建立短期目标、中期目标和长期目标。在工作的不同阶段,你要对形势的发展进行分析,从而确定下一步的行动方案。将计划进程详细地列出来,可以帮助你有效地应对因工作或环境等条件变化所带来的不利影响。

你可以与你的同事、朋友、上司和家人共同探讨、努力,争取实现每一阶段的目标,或者使改进计划更加切实可行。确定目标之后,你必须下定决心实现它,这是重要的先决条件。

规划未来并不能保证摆在你面前的一切困难和问题都能得到解决,也没有现成的公式可以套用。但是它有利于你及早发现和较好地解决问题,比如你是否需要通过培训来学习某方面的知识,是否需要调换工作岗位或更换职业,等等。

规划未来有助于你提高解决问题和调整心理的能力。当你想成就一番事业时,它会告诉你每一步该干些什么和怎么干。虽然你无法预见社会会发展到什么程度,也不能预见每个人的命运,但是你可以按照自己对未来的规划有条不紊地推进。只有这样,你才能在生活中不断完善自己,在事业中不断发展自己。

高手复盘

◉ 为自己制定合适的生活目标

电影《爱丽斯漫游仙境》中有这样一个场景。爱丽斯遇到了一只常露齿嬉笑的猫。在她面前有好几条路,她想了很长时间,也不知道该走哪一条。

"我应该走哪条路呢?"爱丽斯问这只猫。

"你想去哪儿?"猫回答说。

"哦!去哪儿都无所谓。"爱丽斯回答。

"那么,不管你走哪一条路,结果都是一样的。"猫笑着说道。

很多并没有成功的人,实际上总是忙得不可开交——他们整天忙碌地做这做那。然而,他们所做的一切并不会给他们带来相应的结果,因为他们没有明确的目标。

有一次,一位作家坐在出租车上,他看到旁边一辆空的出租车违规发生了交通事故,就说道:"对于一辆没有载客的空车,司机应该从容地开车才对,为什么会这样慌不择路呢?"

他的司机回答说:"就因为是空车,所以容易出事!"原来,开着空车的司机,因为急于找到乘客,总是东张西望的,注意力不集中。有时司机正要左转,心想右边的乘客或许多些,又临时改为右转,所以其速度虽不见得快,却容易出事。倒是载了乘客的出租车司机,由于心里有了目标,明确了方向,纵使开得快些,也不容易发生事故。

人生亦如此。认定了方向的人，速度快而平稳；没有志向且彷徨犹豫的人，不但速度慢，而且容易出错，遇到问题和挫折。

人如果没有目标，就如同驾驶一叶无舵之舟乘风破浪——不知道该去何方，不知道何年何月才能抵达港湾。这是因为如果没有明确的目标，一个人就不可能采取任何有效的行动，也不可能取得任何进展或进步。即便有了目标，如果你的目标没有真正切合自己的实际情况，或者你没有把它清楚地写在脑子里，那么在行动的时候，你也很容易偏离航线。就像在浓雾中行走，由于方向模糊、找不到正确的道路，你很容易采取盲目甚至错误的行动。

人无论做什么事情都要有一个明确的目标，有了明确的目标才有奋斗的方向。聪明的人，有理想、有追求、有上进心的人，一定都有一个明确的奋斗目标。因此，他们所有的努力，基本上都能围绕着目标进行。他们知道自己怎样做是正确的、有效的，会最大限度地避免做无用功，或者浪费时间和生命。显然，成功者大多是那些有目标的人，鲜花和荣誉通常不会降临到那些没有目标的人头上。

那么，该怎么为自己制定合适的目标呢？我们可以运用复盘的原理。在研究成功者的经历、吸取失败者的教训后，我们可以得出如下四个经验。

1. 目标应该是明确的

有些人虽然有了奋斗的目标，但是他们的目标是模糊的、空泛的、不具体的，因而也是难以把握的，这样的目标很难发挥应有的效能。

比如，一个人在青少年时期确定了"要做一位科学家"的目标，这样的目标就不是很明确。由于科学的门类很多，究竟要做哪一个学科的科学家，确定目标的人并不是很清楚，因而也就难以把握。目标不明确，行动起来就会有很大的盲目性，就有可能浪费时间和耽误前程。生活中有不少人，有些甚至是相当出色的人，就是由于设立的目标不明确、不具体，最终一事无成。相反，如果某人明确将来要成为一位植物学家，并开始学习和积累相关的知识，随时研究身边的花草树木，那么他的进步就会比较快，实现理想的可能性就会大大增加。

目标，就是我们的奋斗方向。一个目标不应该是一个空泛的设想，而应该是一个能够实施的计划。一个目标不应该是模糊地希望"我能……"，而应该是明确地认定"这是我的奋斗方向"。

成功学大师拿破仑·希尔（Napoleon Hill）经常问很多人："你的目标是什么？"

得到的回答往往是："希尔先生，我的目标就是成功。"

希尔问："什么是成功？"

对方回答："就是实现人生价值。"

希尔再问："什么叫实现人生价值？"

对方回答："就是——就是有成就。"

希尔追问："那么，到底什么是有成就呢？"

对方可能回答："就是出人头地。"

希尔先生认为，这样的人不算有目标，或者只能算是有一个模糊的目标。

还有人问希尔:"希尔先生,我的目标就是要赚大钱,这个目标够明确了吧?"

希尔反问道:"要赚多少钱?"

他说:"反正就是要赚大钱。"

希尔说:"大钱是多少钱?"

他说:"最少要100万美元。"

……………

希尔还发现,有的人在设定目标之后会经常更改它,今天说"要赚100万美元",过了一个月说"赚100万美元太难了,赚50万美元就行",过了两个月又说"太累了,赚30万美元也行,或者20万美元也可以"。还有的人说,要在某个公司获得成功,但过了几个月他就换公司了,又说在当前这个公司更有前途。当然,他在这个公司也干不长。这样的人是很难成功的。

不是说制定了目标就不能更改,而是说目标要制定得明确而稳定,即便是进行必要的更改,也要经过复盘和论证的程序,而不能随心所欲。如同用放大镜聚集阳光使一张纸燃烧一样,你要把焦点对准纸张才能点燃。不停地移动放大镜,或者对不准焦点,都不能使纸张燃烧。毕竟,一个摇摆不定的靶子,是不容易射中的。

2. 目标应该是实际的

一个人确立奋斗的目标,一定要符合自己的实际情况,从而最大限度地发挥自己的长处。如果目标不切实际,与自身条件相去甚远，是不可能达成的。为一个不可能达成的目标而花费精力，同浪费生命没有什么两样。

有一次，美国沃顿商学院的南迪教授接待了一个前来咨询的女孩，这个17岁的女孩是一位非常成功的印度企业家的女儿。

"你想要做什么？"南迪教授问女孩。

"我想上沃顿商学院。"女孩回答说。

为什么要上沃顿商学院？原来，女孩从媒体上看到沃顿商学院在工商管理硕士排行榜中名列前茅。

南迪教授说："可是你还太年轻。更为重要的是，你的专业知识很薄弱，没法读工商管理硕士。你必须先完成本科的学习，工作至少三年，然后才能申请工商管理硕士。"

女孩说："可是，如果等到读完本科，再工作三年，那时我就到了结婚的年龄。我可不想那样做。我现在就想读工商管理硕士，并且一定要在沃顿商学院读，我一定要拿顶尖院校的硕士学位回去。"

"你为什么把目标定得与自身实际情况相差这么多？而且还这么坚定，这么着急？"南迪教授不解地问。

女孩解释说："我将来一定要在生意上比我父亲更成功。他原本想要个儿子，但我要证明给他看，女儿同样能做得很好。但你知道，经营企业是一件很困难的事，因此我必须读沃顿商学院的工商管理硕士。"

女孩说得没错，她确实需要接受好的教育，但是她制定的目标与其自身所具备的条件差距太大了。在这种情况下，想要实现目标几乎是不可能的。

后来的事实正如南迪教授所担心的那样，女孩因为不具备最基本的入学条件被沃顿商学院拒绝了。

制定目标不能凭一时的冲动，必须符合自己的能力和兴趣，还必须制订出实现它的长期计划。只有这样，目标才有可能实现，理想才不会落空。

心理学实验证明，太难或者太容易的事，都不容易激起人的兴趣和热情，只有具备一定的挑战性，人才会产生激情。目标是现实行动的指南，如果它大大低于一个人的实际水平，那么他根本不能发挥自己的能力，也不会有很好的成绩。反过来，如果一个人对要做的事要求太高，远远超过了自己的能力，又不能拿出一个切实可行的计划，不能在一段时间内显出成效，那么他也会大大地挫伤自己的积极性。

因此，制定一个现实的目标是非常重要的。一个切实可行的目标至少关系到以下六个方面：

- 你受教育的程度。
- 你的身体状况和健康状况。
- 你的工作背景或个人背景。
- 你的相关经验。
- 你曾经负责什么工作。
- 你的货币财产以及现金周转额。

以上这些方面可能会部分或全部影响到你目标的实现,所以你要对其进行充分的评估。

3. 目标应该是专一的

一个人确定的目标要专一,不能经常改变。你在确立目标之前需要做深入细致的思考,要权衡各种利弊,考虑各种内外部因素,从众多可供选择的目标中确立一个最实际的、最有意义的。

一个人在某一个时期一般只能确立一个主要目标,目标过多会使人无所适从、应接不暇、忙于应付。

小李毕业于一所著名的大学,他的个人素质很高,工作能力很强,并且有着年轻人该有的进取心。他周围的许多同学和同事都认为,他是一个有着光明前途的人。但是,谁也没有想到,十年之后,小李仍然是一家不起眼的小公司的一名普普通通的小职员。十年来,他制定过许多人生目标,却没有一次和本职工作结合起来,没有一次集中精力去实现过。他白天忙着考注册会计师,晚上准备考托福;今天想开公司,明天想出国。他把干劲和激情全都挥洒在本职工作以外的事情上,到头来一事无成。眼看着那些资质不如自己的同龄人相继被公司重用,而自己的诸多理想都没有实现,仍旧在原地打转,他只能怨天尤人。

当代社会,专业化程度越来越高,对个人的知识和经验不断提出更高、更广、更深的要求。做事时如果没有找准目标,总是摇摆不定、变来变去,就容易将自己长时间积累的资源白白浪费,无法形成自己的核心竞争力,也就无法在社会上取得一定的成就。

生活中有的人之所以没有什么成就，原因之一就是经常改变目标，所谓"常立志者"就是这样一种人。

那些在各行各业里取得杰出成就的人，一定是目标专一、持之以恒的人。比如，1969年，中国中医研究院接受了抗疟药研究任务——屠呦呦任科技组组长。随即，她领导小组成员从系统地收集整理历代医籍、本草、民间方药入手，在收集2000余方药的基础上，编写了以640种药物为主的《抗疟单验方集》，并对其中的200多种中药开展了实验研究。她历经380多次失败，利用现代医学和方法进行分析研究、不断改进提取方法，终于在1972年成功提取了青蒿素，有效地降低了疟疾患者的死亡率，并因此在2015年10月获得了诺贝尔生理学或医学奖。

4. 目标应该是长期的

一个人想要取得巨大的成功，就要确立长期的目标，并做好长期作战的思想准备。任何事物的发展都不是一帆风顺的，世界上没有一蹴而就的事情。

有了长期的目标，你就不会怕暂时的挫折，也不会因为在前进的途中遇到困难就畏缩不前。许多事情都不是一朝一夕就能做到的，需要持之以恒的精神。你必须付出时间的代价，甚至一生的努力。

司马迁在被处以宫刑后，把完成《史记》作为自己的人生目标。他从小就得到家庭优良文化的熏陶，"年十岁则能诵古文"，学习《左传》《国语》等史籍，培养了深厚的文化功底和坚定的著史志向。他曾经有目的地漫游各地，对历史遗迹进行了实地考察。每到一处，他必去访问古迹，聆听当地人讲述历史事件，收集史料，了解各地的山川物产、社会风俗。这些行为开阔了他的眼界，提高了他的认知，为他写《史记》做了资料上的准备。由于他的目标不是一时冲动、感情用事想出来的，而是结合自身条件制定的，是符合实际的，因此他能够长期坚持。最终，他执着于目标，用十四年的时间完成了中国第一部纪传体通史。

只有适合自己的目标才可能长期坚持。目标定得太低，则无法充分发挥个人的潜力；目标定得太高，则无法实现。你必须衡量自己的能力，稍微高于自己能力、可做到的目标才是好目标。你在规划未来时必须思考以下问题：

- 你的目标是什么？
- 对于你自己以及影响目标实现的一切事物，你有何了解？
- 你拥有什么样的物质条件？
- 你计划怎样运用这些第一手资料和物力来实现你的目标？
- 你怎样将计划好的方法付诸行动？

只有经过一段时间的探索和思考，对自己的兴趣，以及思维、知识结构等方面的长处和短处有所认识，你才能制定出最适合自己的、能够长期坚持追求的目标。

◉ 多花时间去获得最有价值的本领

一位青年愁容满面地去找一位智者。在大学毕业后，他曾豪情万丈地为自己树立了许多宏大的目标，可是几年下来，仍然一事无成。当他找到智者时，智者正在河边小屋里读书。智者微笑着听完青年的倾诉，对他说："来，你先帮我烧壶开水。"

青年看见墙角放着一把极大的水壶，旁边有一个小火灶，可是没有柴火，于是便出去找。他从外面拾了一些枯枝，又装满一壶水放在灶台上，然后在灶内放了些柴火，便烧了起来。

可是由于水壶太大，那些枯枝烧尽了，水也没开。

于是，他又跑出去找柴火，找来了比之前更多的柴火，然后继续烧水。

智者看着不断往灶里添柴的青年问："如果没有足够多的柴火，你该怎样把水烧开？"

青年想了想说："没有足够多的柴火，我就再去找，直到找够。"

智者说："你还应该想到的是，可以把壶里的水倒掉一些。实际上，这是聪明人更常用的办法。你在制定人生目标的时候，也是同样的道理。你一开始踌躇满志，树立了太多太大的目标，就像这个大壶里装的水太多一样，而你又没有足够多的柴火，所以不能把水烧开。想要把水烧开，你可以倒出一些水，也可以先去准备足够多的柴火。"

青年顿时大悟。回去后，他反思了自己的能力和条件，对计划中所列的目标进行了修改，只保留了"考律师资格证"这一个。从此，他利用业余时间学习相关专业知识。两年后，他通过了考试，实现了目标。

成功是有法则可循、有规律可依的。你只有认清自己的实力，明确自己能够达成的目标，一步步去努力，使人生逐渐加温，才能最终让生命沸腾。

"金无足赤，人无完人"，能力的差异是客观存在的，一个人长于此，未必长于彼。所以，每个人都应该努力根据自己的特长来设计自己，量力而行。

当你在评估现在的自己时，你应该对自己秉持公正的态度，特别是对于自己过去的成功经验。从古到今，没有人做每一件事情都会失败。不分种类或大小，每个人都有过成功的经验。你可以将这些经验当成积木，一块块地堆积，然后进行自我评估：我是如何获得那些成功的？是幸运，是机缘巧合，还是因为我的专业知识？是因为我努力工作，还是因为我敢于冒险，或者是因为我的信息收集得全？现在，请你把自己成功的过程写下来。

- 自己的成就。
- 自己的失误。
- 自己的行为。

这个过程能充分表现出一个人的成长、对旁人的承诺,以及对事实的尊重。这将引导你将自己的潜能发挥到极致。

为了使自己的发展具有延续性,你一定要定期对自己的人生进行复盘,客观评估自己的本领,以便更好地规划人生,充分发挥自己的能力。

你要明确天赋和本领的概念,因为天赋和本领对你在社会上立足非常重要。天赋包括音乐、数学、体育等方面的一般能力。本领则包括演奏钢琴、编写计算机程序,以及打网球等特殊的能力。

简单地说,天赋是自然给予的,而本领是需要经过努力才能获得的。对任何一个人来说,最有效的做法就是找到自己的天赋所在,然后在那个领域培养本领。

假如你有一种天赋,能够与各种类型的人相处得很好,那么你应该倾尽全力培养一种使大家一起工作的本领——筹备并主持会议、处理争端、协调工作。

假如你的天赋在美术方面,你应该尽全力去学习一些本领,比如写生、泥塑或动画设计。

天赋是培养你的本领的指导,而本领对于扩大你的选择范围显得尤为重要。这里的本领是指生存的本领,能够使你在社会上立足的本领。假如你能弹吉他,或者会画画,或者会培育兰花,或者懂销售,或者能写评论文章,那么比起那些毫无专长的人,你在生活中将有更多的选择机会。

有些本领明显比另一些本领有价值,在其他条件相同的情况下，你应该花费时间去获得更有价值的本领。怎样确定哪一种本领是有价值的呢？这里有一些指导性的原则。

1. 与职业的关系

你要学的本领是不是与职业密切相关？例如，写作就是许多职业——记者、科学家、律师、经理等的工作中的一个重要部分。任何涉及信息的工作都需要良好的写作能力。因此，写作是应该学好的有价值的本领。

同样，使用工具的本领在许多工作中也是很重要的。假如你会开车、焊接，或者会操纵机床，或者会维修电脑，或者能给大楼安装管道，那么你就掌握了一种本领。你的本领越多，你的机会也就越多。任何能帮助你从事一项工作的本领都是有价值的。

当然，并不是说你熟练地掌握了一种本领，你就非得以此作为职业。例如，你学会了英语，并不一定要去做翻译。只是你多了一种本领，就可能多了一个选择的机会。例如，你会画画，就可能被请去进行舞台设计，而这个机会说不定会为你的生活开创一系列全新的局面。

2. 在他人心目中的价值

别人会出钱向你学习吗？在确定什么本领是有价值的时候，你不妨观察一下四周，看看哪些本领是人们愿意付出代价去得到的。

比如，你会弹吉他、跳舞、游泳、打羽毛球，别人就可能会请你当教练，或者向你请教、咨询。

假如有人请你去传授本领,有一个好处是明显的——你作为老师,可以得到一笔钱,甚至还有更多的好处。当上了老师,更多的人会注意到你。

为人之师的另一个重要结果是:它增强了你的自信心。要教授别人,你必须成为专家。你拥有的机会越多,就越能发现机会。这是一个令人愉快的循环。

3. 对你自己的影响

想一想,这种本领对你一生都有用吗?假如你打算在青年时代就花时间学会一种本领,那么你最好去学一种对你一辈子都有用的本领。培养一些运动方面的本领就很不错。例如,你可以参加一些单人的体育活动,比如跑步、登山和游泳等。这些体育活动在成年人中也十分受欢迎,无论是在生活中还是在工作中,都是对你有益的。

当然,集体参与的体育活动也有优点,比如有组织的比赛能激发你的集体荣誉感、归属感,以及不辜负他人期望的责任感。对于帮助青年人养成对集体的归属感,集体参与的体育活动有它的重要地位。

4. 可能给你带来的机会

这种本领能帮助你熟悉新的环境和获得新的经验吗?你熟悉的环境越多,你的选择也就越多,那么你就会拥有更多的能够引导你走向成功的道路。

假如你思路敏捷且富有口才,人们可能会请你去主持讨论会、发表演讲、组织活动。假如你摄影技术较好,你就会有更多的机会为运动会、正式的社交场合摄影,也会有更多的机会接触到比较重要的人物。这常常会给你带来意外的收获。

假如你能说法语、德语,或者任何一门外语,你就有可能与来自那个国家的人交谈,或者去那个国家旅游。假如某国体操队来到你的学校,周围仅你一人能说该国语言,你就很有可能被请去接待客人。实际上,他们还有可能让你去负责接待工作,如果比较幸运,他们甚至会邀请你去回访他们的国家。

5. 你喜欢做的事情

在学习一种本领前,你要选择自己喜欢的,因为如果你不喜欢,你就不太可能真正擅长它。虽然有时长期与一项你本来不喜欢的工作接触,你也能试着去喜欢它,直到擅长它,但这是一种例外。

假如你很想参加新的活动、学习新的本领、获得新的经验,只是不知道怎样开始,那么你可以参考如下建议:

- 阅读杂志——艺术杂志、计算机杂志、摄影杂志、金融杂志、科学杂志、汽车杂志、文摘杂志……都可能给你带来新的思路。
- 做其他生活过得很有意义的人做的事——观察他们,或者向他们请教。请他们向你介绍他们的业余爱好或他们的工作。你可以分析他人干得有声有色的工作,并且评估它是否适合你。
- 为从事新的工作花点钱——购买一套钟表修理工具,或者买一套自己认为有用的计算机软件。
- 参观各种展览、企业工厂，或者去招聘会现场——你很可能会从那里发现很多有价值的信息。
- 经常到满足各种业余爱好的商店里逛逛。
- 做志愿者——你可以在社区、公园，或者某个大型活动中提供志愿服务，以开阔自己的视野、增强实践的能力。

总之，无论参加什么活动，你都要记得随时复盘和总结，以便找到对自己来说最有价值的本领，并努力去学习和掌握它。

让自己的心灵自由翱翔

为了改变自己，你必须有效地规划人生——为自己制定合适且明确的目标。

在你制定的目标中，有一些可能已在你的心中萦绕多年，也有一些可能是你的新想法。不过，现在你得认真地思考一下，到底什么是你真正想要的。你只有清楚地知道这一点，才有可能真正地得到它。如果想美梦成真，你就要在心中先预测结果，它能够驱使你的身心朝向目标前进。如果想超越自我，使自己的人生变得更加美好，你就要先学习复盘的方法，让自己的心灵自由翱翔。下面提供几点建议。

1. 开始编织美梦，写下你的目标

你的目标可以是你想拥有的、你想做到的、你想成为的、你

想传播的，等等。现在请坐下来，拿一张纸和一支笔，动手写下你的目标。要记住，一动笔就不要停下来，持续写 10～15 分钟。你在写下目标的时候，不必考虑用什么方法去实现它们，尽量写即可，不要限制自己的思想。另外，写得越简明越好，这样你才能接续下一个目标。这些目标可能关乎你的工作、家庭、交友、情绪、健康、生活等，别自限范围，涵盖面越广越好。你想要达成目标，就要先知道它是什么。

另外，你要以轻松的心态来设定目标，这样才能使心灵任意驰骋，否则心灵受限，你将来的成就也可能会受限。

2. 审视你写的目标，预估目标实现的时限

你希望目标多久能够实现呢？6 个月？1 年？2 年？5 年？10 年？20 年？你的目标应该有明确实现的时限，这对你有很大的帮助。有些目标你可能轻而易举就能实现，而有些目标你可能需要花费很多时间才能实现。如果你的目标多半是近程的，那么你应该把眼光放远，找出一些潜在的且有可能实现的目标；如果你的目标多半是远程的，那么你应该建立一些阶段性的目标，毕竟"千里之行，始于足下"。需要注意的是，你在制定目标的时候要用心和慎重，在实现目标的过程中要有耐心和执着精神。

3. 选出在这一年里对你最重要的四个目标

从你所列的目标里选出你最愿意投入的、最令你兴奋的、最令你满足的四个目标，并把它们写下来。现在你要明确、扼要、肯定地写下你想实现它们的理由，告诉自己能实现目标的可能性和它们对你的重要性。

人在一生当中，常常想得到某些东西。然而，你只是对那些东西有兴趣，却从未下定决心得到它们。结果就是你依然两手空空。这就是有兴趣与有决心最大的区别。如果你光说想要致富，那只能算是个想法，激不起你的斗志；如果你知道要致富的原因，知道财富对你的意义，你便会备受鼓舞，促其实现。知道为什么要做比知道如何去做重要得多。如果动机足够强烈，你就能找到做事的方法；如果你有充分的理由，就没有任何事能阻拦你。

4. 核对你所列的四个目标

你对这些目标是否有肯定的期望？你对结果的预期是否具体？经过复盘之后，这些目标是否需要修正？当达成目标时，你可能会有什么感受？你达成目标后带来的结果是不是对你自己以及社会都有利呢？如果不是，你就要考虑去修正它。

5. 列出你已经拥有的各种重要的资源

在实现目标的过程中，你得知道自己拥有哪些资源。列出一张你所拥有的资源的清单，其中包括你的个性、朋友、财物、教育背景、能力以及其他相关的东西。这张清单越详尽越好。

6. 回顾过去，总结经验

回想一下，你所列的资源中有哪些你曾运用得很纯熟。回顾过去，找出你认为最成功的两三次经验，仔细想想你做了什么特别的事，才促成了你在事业、健康、财务、人际关系等方面的成功。请记下这些特别的事。认真思考一下，你当时所采用的方法，能不能在今后的生活中反复使用。

7. 写下要实现目标你需要具备的条件

你是否需要接受良好的教育和训练呢？你是否需要善于运用时间呢？你是否需要具有顽强的意志呢？假如你想成为一名好的会计，你就必须具备财务方面的知识，还要具备一定的做账经验。

8. 写下你不能马上实现目标的原因

如果想突破自我，你就必须深刻、全面地认识自我。你要剖析自己的性格，看看是什么原因阻碍了你前进的步伐。是你不懂如何做计划，还是你不知该如何执行？是你分身乏术，还是你太过于专注一件事？是不是你的得失心太重，使你不敢尝试？

想要顺利达成目标，你要有循序渐进的计划。就像盖房子一定要有蓝图、计划，你才能知道怎么进行。人生也是如此。你一定要先画出自己的蓝图，再去努力追求成功。

9. 设计好实现目标的每一个步骤

你可以从目标倒推每一个步骤，并且自问第一步该如何做才更容易成功。需要注意的是，你设计的每一个步骤必须是你可以做到的，千万不要好高骛远。

10. 为自己找一些值得效法的模范

安德鲁·卡内基希望能成为一位富有、成功的生意人，因而向洛克菲勒学习。事实上，每一位有重大成就的人，都有一位榜样人物或老师在引导着他们朝着正确的方向前进。

从你周围或从名人当中找出两三位在你的目标领域中有杰出成就的人，简单地写下他们成功的事迹。在做完这件事之后，请你闭上眼睛想一想，他们每个人的经历，可能会给你带来一些什么有助于你实现目标的启示，并记下它们。这些启示可能包括应避免的错误、应突破的限制、应注意的地方、应寻求的事物。在每个启示下面记上他们的名字，就像他们在跟你私下交谈一样。即使他们不认识你，通过这个过程，他们也能成为你追求成功道路上非常好的顾问。

◎ 规划人生是一个动态调整的过程

坐落于美国科罗拉多州的泉城郊外、美国空军学院后面的鹰峰，很受当地徒步旅行者们的欢迎。从顶峰望去，一侧是绵延的落基山脉，另一侧则是广袤的大平原。每到夏季，通往峰顶的小径就人流不断。

初次登山的人一般会被告知，登顶来回要用一整天时间，最好尽早出发，一路步伐要保持快速，因为旅程将会非常艰辛。游客通常会听从忠告，做好准备。一位游客踏上旅途后，立刻感到失望、困惑，甚至愤怒。这是因为从山下的停车场望去，他能亲眼看到山路毫无艰险之处。显然，即使慢悠悠地走到山顶再返回，无论如何也用不到半天时间。

于是，他改变计划，悠闲地在路上漫步，频频偏离正道漫游。他不时地停下来玩耍，吃东西，看风景。有时为了避开艰险的路段，他会远离原路去兜个大圈。这样走了将近半天，他终于走上山顶，却发现原来上了自己眼睛的当。那些过来人并没有骗他，因为现在他所处的"山顶",并不是真正的顶峰,只不过这座山峰一直挡住了他的视线,真正的顶峰距此还有很远的距离。

这位游客意识到自己缺乏远见。他很快重新估算了时间,并断定,如果足够努力,他还能走到顶峰,并在天黑前返回。于是他匆忙前进,眼见太阳稳步地落向地平线。慌乱之间,他被绊倒,摔到灌木丛里,弄得遍体鳞伤。最后,他终于到达了目的地,抬头却发现另一座山峰伫立在眼前。这位缺少经验的游客现在终于知道自己无法达成预期目标了,只得悲哀地回头,踏上下山之路。

如果有了这次经验教训,他能够学聪明,那么下一次他就非常有可能达成目标。

不管是长期目标,还是中、短期目标,你把它们设立起来,是为了使自己走向成功。在人生的旅途中,有许多山峰,只有校准并确立了较高的目标,全速前进,不断努力,不断超越自我,你才能真正体会到"山登绝顶"的意境。

环境总是在不断变化,当时的目标是在当时的环境下设立的,如果环境变了,你当然不能固守同一个目标。如果设立的目标已经不符合实际的情况,你就必须尽快做出调整和修改。千万不能将自己设立的目标作为一成不变的教条,以僵化保守的心态来对待它。你应该定期进行复盘,对目标和实现途径做出一些必要的调整和修改。

目标是对未来的设计,而未来难免会出现难以把握的因素。为自己制定适宜的目标是不容易的,你往往需要多次调整才能确定方向。执着地追求目标值得被嘉许和称道,但如果明明知道不可行,还要一条巷子走到黑,或者明明知道客观条件造成的障碍无法消除,还要钻牛角尖,就不可取了。

结合复盘的结果,经常对目标进行评估与动态调整是非常有必要的。常见的动态调整有以下四种基本形式。

1. 根据主攻方向进行调整

从小学到大学,再到研究生、博士,许多人在学生时期的目标都很明确,那就是完成学业,学习也特别有热情。然而在本科、硕士甚至博士毕业后,有的人却无法找到满意的工作;即使勉强找到了工作,也因远远低于自己的预期,做着自己不喜欢的工作,感到惆怅和迷茫,经常陷入郁闷和忧虑之中。

造成这种结果的主要原因,就是他们没能根据自身情况和社会环境及工作环境找到适合自己的人生目标。或者说,他们没有及时进行有效的复盘,纠正错误的主攻方向。

如果原定目标与自己的性格、才能、兴趣明显偏离,目标实现的可能性就会减小。在这种情况下,你需要对目标进行适时的调整,及时捕捉新的信息,确定新的、更易成功的目标。

扬长避短是确定目标、选择职业的重要方法。在科学、艺术史上,大量人才成败的经历证明,有的人在某一方面或某些方面具有良好的天赋和能力,但不可能在所有方面都有天赋和能力。有的人在研究、教学上是一把好手,而在管理、经营的岗位上却一筹莫展,表现平平。

无论是组织的战略目标、项目的执行目标,还是个人的职业发展目标，都需要经常复盘，你要根据实际情况对其进行必要的调整和修正。

为了避免力不从心，甚至"南辕北辙"，在确定对目标进行较大调整的时候，你一定不要犹豫或迟疑。

2. 在原定目标的基础上进行调整

若原定目标过高，只有很小的实现可能，你就要将其调低，然后再继续努力，以增强攻关的后劲；若原定目标已实现，你就要马不停蹄地制定新的更高层次的目标；若原定目标过低，轻易就能跃过，你就要权衡自己的能力、水平，将目标升级。

实现目标自然需要长期的努力。你在为人生目标奋斗时，不要幻想一劳永逸，而要务实笃行、稳扎稳打、奋力前行。同时你也要看到，每取得一点成功，就是向总目标迈进了一步。但是取得了阶段性的成功，并不是目标的终点，而恰恰是向更高一级目标登攀的开始。

3. 根据获得的反馈信息进行调整

在原定目标无法达成的时候，你一定要认真地进行复盘，找出关键问题，从而调整方向，重新把目标定在自己擅长的领域。

阿尔伯特·迈克尔逊（Albert Michelson）是一位美国科学家，他在青年时考入海军学校，但他的学习成绩很差，特别是军事课，长期不及格。学校多次对他进行批评教育，仍然不起作用，最终学校不得不把他开除。但是，他对物理实验非常感兴趣。被开除后，他投身于对物理的学习和研究，很快显示出了这方面的才华。他孜孜不倦、刻苦钻研，不断攀登一个又一个高峰，终于做出"迈克尔逊-莫雷实验",为狭义相对论奠定了实验基础,成为美国第一个获得诺贝尔奖的人。

4. 根据对未来的预测进行调整

社会的需要和个人的兴趣、才能、性格等可能会发生变化,因此,你要善于打出"提前量",进行预测。比如,才能的发展与年龄的大小关系极大。任何才能都有其萌发期、发展期和衰退期,你若能顺势而为,做出设想、规划,显然对目标定向是大有益处的。

1962 年获得诺贝尔生理学或医学奖的克里克(Francis Crick)和沃森(James Watson),本来都不是分子生物学家。克里克在物理学界卓有成绩,在第二次世界大战期间被迫中断学习,从事军事武器的研究。而沃森在大学时学的是生物学,对鸟类学、遗传学兴趣很浓。他们从物理学家薛定谔的《生命是什么》这一著作中得到启示,了解到分子生物学是未被人们开垦的处女地,他们就从原来的专业转到了核酸研究。

人生的成功在于选择。这里的"选择",包括选择适合自己的目标,选择适合自己的成功之路,选择正确的前进方向。为了做出正确的选择,你一定要用好复盘这个有力的工具。

◉ 为目标制订有效的行动计划

如果你 28 岁,年收入 10 万元,那么当你的年收入达到 15 万元时,你打算如何花钱?你打算如何投资?你会现在就考虑为如何打理这笔多出来的收入制订一个计划吗？

也许有人会说："但是，我还没有挣到那么多钱，这样做对我有什么用呢？等我挣到了15万元，再去制订计划可以吗？"

实际上，你现在就应该制订一个计划，你将会看到它的意义。首先你个人的事业大门会随之敞开，然后你会开始思考你从前没有认真想过的问题："我应当投资房地产、股票，还是去参加提升学历的培训呢？"

如果你现在就开始思考有关投资的问题，那么当你得到更多收入的时候，你就会对如何使用这笔钱做到心里有数。你将更愿意把钱投入更大的事业或更有利于你发展的事情上，从而使你的人生变得更成功、更美好。

你在近几年打算结婚生子吗？那是需要钱的。你愿意以哪种方式挣钱呢——利息、股票、租金？你想在55岁或者60岁之前就退休吗？把这些计划写下来，根据你的收入估算一下你实现计划需要多少钱。你可以利用近20年生活费用指数制订一个投资计划，并预估它的增长情况。

你需要一个有效的计划来帮助自己达成目标。一个有效的计划应该包括你能做什么、你如何与他人相处、你对自己的感觉怎样等。它应该用一系列新的做事方式代替旧的。它需要你具有活力和毅力。

你可以为接下来的365天制订一个有效的计划，并把它分解成一些小的目标和要求，对每一个小目标和小要求制订一个不足一页纸的小计划，以保证你能进入正轨。

假设你要长跑，那么在1月1日时你就要计划好每天跑多少千米、在哪儿跑、一周跑几次、一年跑多少千米。假设你要旅行，那么你就要计划好去哪里、乘坐什么交通工具、携带什么衣物等。

如果你不把计划写下来，那么有可能还不到半年你就会找到足够的理由不去跑步，比如天气好就跑，天气不好就不跑。最后，你可能会说："我从前一直坚持跑步，后来放弃了是因为……"

计划对每个人来说都是必要的，别说你没时间做计划。如果你想改变自己的生活方式，你就一定要留出时间做计划。这样，你不仅能节省更多的时间，还能取得更好的效果。为了使你改变自我的行动更加积极有效，在制订计划的时候，你要把握以下原则。

1. 准确分析和预测

在制订计划的过程中，你必须对将来做一些初步的预测，分析哪些事情可能会发生、哪些事情可能会变化。在做出预测后，你就可以制订行动计划了。这样即使将来发生变化，你也能从容应对。

即使将来的所有情况都是确定的，你也要做计划。你可以选择达成某一目标的最好方法，从而使自己的行为更有效率，实现目标更加顺利。情况确定并不等于你只有一条路可走，你往往会面临多种选择。当你面对多种选择而感到为难的时候，你就可以运用复盘的技巧。

2. 具体可行

具体到什么程度呢？你可以根据计划，将以后可能发生的事情在头脑中预演一遍——什么时候、什么地点、干什么事情、利用什么工具、采用什么方法、周围的环境如何等，就像播放电影一样清晰明了。这实际上也是一种复盘。

人们在制订计划和执行计划的过程中通常会犯的错误包括就事论事、思路狭窄、考虑不全面、忽视环境等，因此，这样做出的计划往往是不切实际的。

有的人将自己的计划制订得十分具体详细，却不考虑这一计划实施的背景条件。比如，有人想开一家商店，从店面、商品到人员都计划得特别好，却把商店开在一个偏僻的地方。由于位置偏僻，加上人们已习惯于网购，那里根本就没有客流量。可见，计划应该是开放的，你必须考虑多方面的因素。

人的发展离不开社会环境和自然环境。这就像树苗要长成大树，不能离开阳光、空气、水分等自然条件，离开这些条件它就不能生长。不切实际的计划就如同水中月、镜中花，不管多美丽、多诱人，它们都是没有用处的。

一个思维成熟的人在制订计划的时候，不仅会充分考虑自身因素，还会充分考虑外部环境，比如社会、政治、经济、法律、文化等。只有这样，他才能减少可能遇到的障碍，增加成功的胜算。

3. 明确事情的进度

做任何事情都必须有一个时间期限，没有时间期限很容易懈息。许多人失败的原因就是不给自己定下完成的期限，其结果就是行动缓慢、毫无紧迫感、效率低下。

时间期限的长短有时候是自己确定的，有时候却由不得自己，这要看事情的性质和实现条件。如果你对事情有决定权，你就可以自由地安排时间；如果决定权在你的上司或其他人手中，你就只能听从安排。但即使决定权在别人手中，他最多也只能给你一个大致期限，你才是具体执行的人，你要自己决定每一个具体的步骤所花费的时间。为了更加科学合理地明确事情的进度，你可以参考如下建议：

- 为了做这件事，你必须采取的第一个步骤是什么？把它写下来。
- 列出你无法采取这一步骤的三个最重要的原因。
- 写出解决这三个问题的具体方法。
- 为解决每一个问题设定一个期限。

为一个计划定一个期限并不是一件简单的事，不能太长，太长会浪费时间；也不能太短，太短事情会办不圆满，效果会受到影响，甚至达不成目标。精准地确定进度是一门学问，需要你对事情本身以及客观情况有充分的了解和准确的预测。

4. 灵活应变

即使环境发生变化，或原定的计划失败了，你也要沿着原来的目标前进，不要轻易放弃。灵活应变不是要改变计划的方向，而是要改变执行计划的方式。

计划往往是在对未来做好预测的前提下制订的,但即使是较为准确的预测,也难免会有遇到一些突发事件或偶发事件。因此,制订的计划一定要有灵活性。你的计划灵活性越强,由突发或偶发事件带来的风险就越小。

有的人爱钻牛角尖,不知道随机应变,不愿意改变做事方式;有的人一旦情况发生变化,就会手忙脚乱,无所适从。明智的做法是你既要坚持原来的计划方向,也要把握其灵活性。有的时候,你只要对执行计划的方式稍作改变,就会得到完全不同的结果。

按照计划一步一步靠近目标

从前,有一个缺乏耐性的男孩,他做事只要遇到一点儿困难,就很容易气馁,不肯锲而不舍地做下去。

一天晚上,爸爸给他一块木板和一把小刀,要他在木板上划一条刀痕。他划好一条刀痕以后,爸爸就把木板和小刀锁在抽屉里。

以后每天晚上,爸爸都要这个男孩在划过的刀痕上再划一次。这样持续了好几天。

终于有一天晚上,男孩一刀下去,就把木板划成了两半。

爸爸说:"你大概想不到只用这么一点点力气就能把一块木板划成两半吧?你一生的成败,并不在于你一下子用多大力气,而在于你是否能持之以恒。"

俗话说:"不怕慢,就怕站。"骐骥一跃,不能十步;驽马十驾,功在不舍。

制定目标或许还不算太难,能贯彻到底却不是一件容易的事。相信很多人都有过这样的经验:刚定好目标时颇有磨刀霍霍的干劲,可是过了两个星期就没劲了。为了避免出现这种情况,在定好一个目标后,你首先要把它写在纸上,这样就能使目标具体化了。

把目标写下来之后,最重要的一步就是立即让自己动起来,向着实现目标的方向不懈努力。所有的决定都必须与行动相配合,先不用管行动到什么程度,最重要的是立即动起来,打一个电话或拟出一份行动方案都是可行的,然后只要在接下来的十天每天都有持续的行动就可以。这十天持续的行动会逐渐使你养成习惯,最终会把你带向成功。

如果你的目标是一年之内学会弹钢琴,那么就"先让手指动起来"。你不妨今天就从网上找个培训班,注册入学,并安排好学习的时间。

如果你的目标是一年之内买一辆汽车,那么你可以从网站上查阅有关汽车的各种资料,或者去4S店了解一番。这并不是要你马上就买,而是要你了解汽车的价格和性能,从而加强你购买汽车的决心。

如果你的目标是一年之内赚30万元,那么你现在就应该拟出必须采取的步骤。哪个已经赚到这么多钱的人可以给你提供

高手复盘

建议？你是否需要另谋一份工作来增加收入？你是否应该减少开支，把节省下来的钱拿去投资？你是否应该去创业？你是否需要去寻找相关资源？

在达成目标的过程中，你别忘记进行各种形式的复盘。每天你都要体验一下实现目标的感受，当然最好是一天两次，早晚各一次。每六个月你要回顾一下先前所写下的目标，以确定它们是否还是"活生生"的。在决心过积极奋发的生活后，你必然会产生与以往不同的认识，很可能会将先前的目标进行某种程度的修改。当然，复盘的目的是采取更好的行动，并且坚持行动，不断向目标靠近。

曾经有一位63岁的老人从美国纽约市出发，经过长途跋涉，克服重重困难，步行到了佛罗里达州的迈阿密市。有位记者采访了她。记者想知道，路途中的艰难险阻是否曾经吓倒过她？她是如何鼓起勇气徒步旅行的？

老人答道："走一步路是不需要勇气的，我所做的就是这样。我先走了一步，接着再走一步，然后继续走下去，我就到了这里。"

无论做任何事，只要你迈出了第一步，然后再一步一步地走下去，你就会逐渐靠近你的目的地。

你可能听说过，写下自己目标的人比没有写下自己目标的人更容易成功。你可以把自己的目标依次写在一张卡片上，并把这张卡片放在床头，或者随身携带。

你把自己所有的目标（无论是长期的还是近期的）都写下来之后，可以把实现这些目标的计划也写下来，并且每天把它们复习一两次。这样能激发你潜意识里的创造力，帮助你调动全身的力量驶向目的地。

在为实现目标制订计划时，你应该采取小步子行进的方式，而不是迈开大步向前进。例如，你想减重25千克以符合标准体重，拥有健美的身材，那么你最好先计划减重2.5千克，而不是试图一下子减重25千克。你应该计划每次去健身房锻炼20分钟，而不是2小时。换句话说，先制订一个容易完成的计划，然后迫使自己去实施，这样你就不会觉得压力太大，能够从容应对。由于能够从容应对，你会发现自己渴望去健身房，或者去做生活中其他需要你做出改变的事情。

为了把目标贯彻到底，你可以试着把目标细化成每天要完成的任务。例如，当你想写一本书时，光是300页纸稿堆在桌上的情形就让人感到压力很大。但在你制订了一个每天写10~15页的计划后，实现目标就变得轻松和容易多了。

一定要督促自己按照计划一步一步靠近目标，并经常进行复盘，以评估目标和计划的合理性。假如完成每天的任务有困难，你就要及时调整它——注意，每次无法完成任务都会带来失落感，下一次就会变得更难。

在实现目标的过程中，你必须经常进行复盘，自己与自己作比较，看看今天有没有比昨天更进步——即使只有一点点。另外，在做计划时，你最好加进一种能够检测你的发展情况的直观方法，比如一把"成功量尺"。

这把"成功量尺"其实是对自己进行评价。毫无疑问，个人事业的发展是阶段性的。在每个不同的阶段，个人努力的方式、方法都会有所不同，取得的成绩、获得的进步也有大小的差别。在这种情况下，你必须对自己的发展情况进行丈量和评估，也就是复盘，以便了解：我这一阶段事业发展的大致方向正确吗？这一阶段的生产经营模式是否能够盈利？还有更好的经营模式吗？这一阶段的发展情况怎样？与前一阶段的发展情况比是减缓了、一致的，还是加快了？还有哪些需要改进的地方？

通过对这一系列问题进行复盘，你能够对个人事业的发展情况有一个全面的了解。对获得的成绩或出现的问题进行剖析，可以使你获得有益的经验和改进的方法，从而在接下来的事业征程中走得更加坚定和充实。

复盘的巨大作用还体现在发展事业方面的自我督促上。比如，你在这一发展阶段获得了成功的经验，取得了很大的进步，你就会在复盘中得出结论、受到启发，并督促自己戒骄戒躁、发挥优势，以取得更大的成绩。而如果你在这一阶段的发展情况很不理想，那你就会在复盘中总结失败的原因、思考解决的办法，并督促、鞭策自己走好下一步。

◉ 有意识地不断提升自己的能力

显然，想要达成任何目标（哪怕只是希望自己做出细微的改变）都需要具有一定的能力。需要强调的是，你要先弄清能力和知识的区别。

在心理学中，能力主要是指那些可以使任务得以顺利完成的心理特点，比如反应速度、记忆力、运算速度、逻辑推理能力等。知识则主要是指认识的结果。知识不同于能力。有的人知识掌握得不少，但未形成能力；有的人由于某种环境条件的限制，已经掌握的知识虽然有限，但具有潜在的能力，一旦获得学习的机会，能力就会被激发出来。

能力与知识的主要区别如下：

（1）能力会影响一个人在各种活动中的效率，而知识只会影响一个人在有限领域中的活动效率。观察力、记忆力、反应速度等属于能力，这些能力会影响一个人的各种活动；自然科学、立体几何等属于知识，它们只会影响一个人在与之有关的领域中的活动。

（2）能力是一个人相对稳定的、需要较长时间才会发生变化的心理特点。而知识则是比较容易改变的，既可以通过强化训练和突击背诵而获得，也可以因为遗忘而丧失。能力是一种慢变量，而知识则是一种快变量。

（3）能力是一种潜力或者可能性，而不一定是一种已经表现出的水平或者现实；知识则是一个人的现有水平。当说到能力时，我们更多考虑的是"将会怎样"；当说到知识时，我们更多考虑的是"现在怎样"。

（4）能力不容易受到环境的影响。环境因素可以加快或阻碍一个人能力的发展，但作用时间较长，影响较小。知识则很容易受到环境的影响。在良好的环境和教育条件下,知识可以得到迅速、明显的增长。

在能力与知识之间并不存在明确的界限。由于影响活动的范围不同,变化的难易、快慢不同,能力包含许多层次。通常,我们将影响最广、最不容易变化的能力称为智力,将那些影响某一大类活动、介于智力与知识之间的心理特征称为能力倾向。能力倾向不同于智力,它只影响人在一部分活动中的效率。例如,语言运用能力、抽象思维能力、身体控制能力、音乐能力等都是一种能力倾向。能力倾向会影响人在某一部分活动中的效率,但对其他一些活动则影响很小。能力倾向会影响人的职业成就高低。能力倾向不同于知识,它所影响的活动范围要比具体知识所影响的范围大。

即使是受过良好教育的人,也不应该让自己的教育水平束缚自己探寻真理的能力。受教育的本质不是你获得了什么身份,而是你获得了在纷扰的生活中追求知识和真理的能力。印度哲学家克里西那穆提(Jiddu Krishnamurti)说:"你为什么要成为书本的学生,而不是生活的学生呢?通过你身处环境的压力和残酷来发现正确与错误,然后你才会真正知道什么是对的。"

当然,这样说并不是否认知识的价值,而是为了强调:你一定要通过复盘,及时发现和反思自己在能力方面存在的不足,找到改进方法,有意识地不断提升自己的能力。只有这样,你才能更有效地达成生活中的各种目标。

第四章

把进步变成一种生活习惯

沃尔玛连锁店创始人山姆·沃尔顿(Sam Walton)说:"一个人的性格、美德、前途和幸福大多存在于习惯中。"习惯是一种顽强而巨大的力量,它可以主宰人的一生。因此,每个人都应该经常通过复盘检讨自己的日常行为习惯,坚持勤奋好学、充分利用时间之类的好习惯,克服懒惰、拖延之类的坏习惯。记住:生命不在于拥有多少时间,而在于怎样利用时间。

高手复盘

◉ 真正的成功绝不是侥幸可以得到的

金刚石和石墨都是由碳原子组成的,导致两者不同的,只是原子的排列方式不同。

是不是感到很惊讶?这璀璨绝伦的和那平凡质朴的,这透明的和那墨黑的,这坚硬的和那柔软的,居然为同一种成分。如果我们展开联想,就会发现冰川与河水同属淡水,霜雪冰雹原为云气,一切非生命均出自元素,而细胞是一切生物的基本单位。甚至,人与人之间也没有本质上的不同,都是血肉之躯,只不过各自的想法不同、追求不同、努力程度不同罢了。

有一天,小郭去拜访毕业后多年未见的老师。老师见到小郭很高兴,就询问起他的近况。

这一问,引发了小郭一肚子的委屈。小郭说:"我一点都不喜欢现在的工作。我的工作与我学的专业不相符。我的工资水平也很低,只能维持基本的生活。"

老师问:"那你有没有想过改变呢?"

"我没有什么事情可做,又找不到更好的发展机会。"小郭无可奈何地说。

"其实并没有人束缚你,你不过是被自己的思想限制住了。明明知道自己不喜欢现在的工作,你为什么不去学习一些其他知识,找机会换一份工作呢?"老师劝告小郭。

第四章 把进步变成一种生活习惯

小郭沉默了一会儿说:"我运气不好,什么好事都不会降临到我的头上。"

"你希望碰到好机会,却不知道好机会都被那些勤奋和跑在前面的人抢走了。你永远躲在阴影里不走出来,哪里会碰到什么好机会?"老师郑重其事地说,"一个没有进取心的人,永远不会得到成功的机会。"

如果一个人把时间都用在闲聊和发牢骚上,而不用行动改变现实的境况,当别人都在为事业和前途奔波时,自己只是茫然地虚度光阴,结果就只能在失落中徘徊。小郭不是没有机会,而是没有付出该有的努力。

任何人的成功都不是偶然的,其中包含志气、决心、努力和毅力。真正的成功绝不是侥幸可以得到的,因此,失败也绝不是命运。许多人把自己的失败归于命运,其实,如果你冷静地观察,就会发现,命运是掌控在自己手里的,关键是你一定要付出足够的努力。

有学生问大哲学家苏格拉底,怎样才能将学问做到他那般博大精深。苏格拉底听了并未直接作答,只是说:"今天我们只学一件最简单且最容易的事,每个人把胳膊尽量往前甩,然后再尽量往后甩。"苏格拉底示范了一遍,说:"从今天起,每天做300次,大家能做到吗?"学生们都笑了,这么简单的事有什么做不到的?过了一个月,苏格拉底问学生们:"哪些同学坚持做到了?"90%的学生骄傲地举起了手。

一年过后,苏格拉底再次问学生们:"请告诉我,那个最简单的甩手动作，还有哪几位同学在坚持做？"这时整个教室里，只有一人举了手。这个学生就是后来成为古希腊另一位大哲学家的柏拉图。

人人都渴望成功，人人都想得到成功的秘诀，然而成功并非唾手可得。人们常常忘记，即使是最简单、最容易的事，如果不能坚持下去，成功的大门绝不会轻易地开启。除了坚持不懈，成功并没有其他秘诀。

有些人很聪明，有才气。在别人看来，他们是可以有所成就的，他们也以为自己是可以有所成就的。可是到后来，有的人青云直上，发挥了自己的专长；有的人却在琐碎的生活中迷失了自己。这是为什么呢？

研究发现，许多人之所以失败，是因为太懒散。他们以为来日方长，有的是时间，以自己的聪明才智，总会成功的。可是，懒散会成为习惯，使他们安于享乐，而他们那可贵的天赋也在弃置不用之下生锈或发霉。有些人辜负了自己的天赋，是因为他们太"聪明"。他们看不起埋头苦干的人，嘲笑那些想通过自身努力走上成功之路的人。

这些"聪明"人的脑子里想的是：少付出一些力气，老板也不会骂我，更不会开除我，我何必兢兢业业？可是，他们不知道，向老板交代容易，维持生活也不困难，而怎样向自己的生命交代，才是人一生中最大的责任和课题。

有些人失败的原因是没有用心去树立目标；有些人虽然有目标，却越走离他们的目标越远。他们把不稳舵，所以只能随着海浪的冲击，跟着风向的变动，忽东忽西，忽南忽北。他们没有坚决朝向自己目标行进的魄力，一生都在迁就环境。结果，他们只能被环境淹没。

傻干、苦练、懂得不断积累的人才是真正聪明的人。时常嘲笑别人是"傻瓜"的"聪明"人，才是真正的傻瓜。记住：聪明人从来都是积极肯干、执着于进取的。

用好习惯取代不良的习惯

一位没有继承人的富豪在临终前立下遗嘱，将自己的一大笔财产赠送给自己的一位远房亲戚，这位远房亲戚是一个常年靠乞讨为生的乞丐。这个获得遗产的乞丐，一夜之间成了亿万富翁。

记者来采访这个幸运的乞丐："你继承遗产之后，想做的第一件事是什么？"

乞丐回答说："我要买一个大一点的碗和一根结实的木棍，这样我以后出去讨饭时就更方便了。"

为什么"幸运的乞丐"成了亿万富翁还想着讨饭？因为那已经成为他的习惯，甚至可以说是他的生活。正如心理学家所说："播下一个行动，收获一种习惯；播下一种习惯，收获一种性格；播下一种性格，收获一种命运。"

习惯对你有着巨大的影响，因为它是一贯的，在不知不觉中，经年累月地影响着你的行为，影响着你的效率，左右着你的成败。古人说："千里之堤，溃于蚁穴。"如果一个人对小的不良习惯不能进行有效的遏制，任其发展，最终必然会酿成大的灾难。这是需要警惕的。

商纣王在刚开始请工匠用象牙为他制作筷子的时候，他的叔父箕子就表现出一种担忧。箕子认为："既然你使用了稀有昂贵的象牙做筷子，与之相配套的杯盘碗盏就再也不会用陶土烧制了。你必然会用犀牛角、美玉石打磨出的精美器皿。餐具一旦换成象牙筷子和玉石盘碗，你就一定不会再吃大豆一类的普通食物，而会千方百计地享用牦牛、象、豹之类的山珍美味。紧接着，在尽情享受美味佳肴时，你一定不会再穿粗布缝制的衣裳、住在低矮潮湿的茅屋中，而必然会换成一套又一套的绫罗绸缎，并且住进华丽的宫殿。"

箕子认为照此发展下去，必定会造成一个悲惨的结局。所以，他从纣王制作象牙筷子起，就产生了一种不祥的预感。

事情的发展果然不出箕子所料。仅仅过了五年，纣王就到了穷奢极欲、荒淫无耻的地步。他在王宫内挂满了各种各样的兽肉，多得像一片肉林；在厨房内添置了专门用来烤肉的铜炉；酿酒后剩下的酒糟已经在后园内堆得像座小山了，而盛放美酒的酒池竟大得可以划船。纣王的奢靡行径，不但苦了老百姓，而且将一个国家搞得一团糟，最后终于被周武王剿灭。

对于不良习惯，你需要保持警惕并努力地改掉它。这可以通过反复对自己进行复盘来完成。不过，通过复盘发现自己的不良习惯只是一个开始，要想真正地改掉它，你需要的是行动，而且是长期的行动。由于你现在的不良习惯不是一夜之间养成的，所以期望在很短的时间内一劳永逸地去除它们是不切合实际的。改掉那些不良习惯需要投入时间和精力。

用一种新的好习惯代替旧的不良习惯，就像用一条细棉线代替一条粗绳子。那条细线不可能立刻取代粗绳子，因为它还不够强韧。在新、旧之间会存在一个二者共存的过渡期。在你不断努力加强新习惯的过程中，旧的习惯将逐渐减弱，直至最后消失。

幸运的是，获取新习惯的过程并不漫长。只要采取复盘和行动相结合的办法，你一般需要 21～30 天就可以去除旧的不良习惯、培养新的好习惯。关键是你要愿意为此付出时间和精力，并做出必要的努力。

◉ 一定不能忽视对知识的学习

盖洛普民意调查机构曾从《今日美国》的名人录中随机选择了 1500 个有杰出贡献的人，探究他们成功的奥秘。选择的标准既不是他们有多少财富，也不是他们的社会地位高低，而是他们在所从事的专业领域中所取得的成就。这些人的确有一些共同的特点，其中最重要的五个特点中有三个与知识有关。

1. 通晓常识

成功者中具有这种品质的人最多。79% 的成功者给自己的这种品质打了"A"；61% 的成功者认为通晓常识对其成功的贡献非常大。对大多数人而言，通晓常识意味着能够对每日繁杂的事务做出合乎逻辑的、客观的判断。要这么做，你就必须摒弃枝节观念，抓住事物的核心内容。某位知名企业家把这种品质表述为："成功的关键能力是简化。把一个复杂的问题简单化，这是最重要的。"

那么通晓常识这种能力是先天就有，还是后天可以增强的呢？很多学者都认为，它是后天可以增强的。有些人的这种能力得益于在学校期间的好学善问；有些人善于向别人学习，能够从他人和自己的错误中吸取教训。

2. 精通专业知识

有了通晓常识的能力之后，成功者们认为，第二重要的就是所掌握的专业知识。70%的成功者给自己的这种品质打了"A"。一位白手起家的百万富翁说："没有什么能比你精通自己正在干的工作更能帮助你获得成功的了。它就像你特有的能力保险单一样，能减少风险。"

即使获得了专业知识，你也不要认为就结束了，这种学习过程要持续下去。为了取得成功，你不仅要精通专业知识，还要继续深入学下去。

3. 博学多才

成就显著者一定是博学多才的，因为他们具有一种能迅速领悟高深的观念并能深刻透彻地分析它们的能力。43%的成功者认为，博学多才是成功的一个非常重要的因素；52%的成功者说它是比较重要的。

现代研究证明，许多才能是无法用通常的方法（如智商测验）来评估的。但值得注意的是，盖洛普民意调查机构所调查的成功者们大都博学多才。根据调查,博学多才是由智商之外的至少三个因素促成的,它们包括广博的语汇掌握量、良好的阅读习惯和写作技能。这些成就非凡的人平均每年读书 19 本,其中包括 10 本非小说类的文学作品。

当说起智力因素时,这些成功者不只谈天赋智商。他们认为,好奇的头脑和广泛的兴趣是成功的重要基础。

可见,知识是成功的基础。要想获得成功的人生,就一定不能忽视对知识的学习。

在意大利文艺复兴时期,曾出现过许多画家、雕刻家、建筑家,而达·芬奇被认为是这个时期最杰出的人物之一。他在许多领域都有发明创造。他之所以能够取得如此杰出的成就,和他在年轻时努力探求知识的习惯是分不开的。

达·芬奇的童年是在家乡度过的,他从小勤奋好学,善于思考。他对绘画有特别的爱好,也喜欢用黏土做一些稀奇古怪的玩意儿。他常常跑到小镇的街上去写生,邻居们都称赞他是"小画家"。有一天,达·芬奇在一块木板上画蝙蝠、蝴蝶、蚱蜢,他的父亲看见了,觉得画得不错。为了培养他的兴趣,父亲送 14 岁的他到佛罗伦萨著名艺术家佛洛基阿的画坊学艺。达·芬奇在此苦学整整 10 年,不仅在艺术方面受到了良好的教育和训练,还结识了一批艺术家和学者,阅读了很多书籍,在许多领域都打下了理论基础。

后来,达·芬奇在总结童年学画的经历时,对年轻的艺术爱好者提出忠告:"……你们天生爱画,所以我对你们说,你们若想学得物体形态的知识,须由细节入手。若第一阶段尚未记牢,尚未练习纯熟,切勿进入第二阶段,否则就是虚度光阴,徒然延长了学习年限。切记,先求得勤奋,勿贪图捷径。"

有的人以为,学习只是青少年时代的事情,只有学校才是学习的场所,自己已经成年,并且早已进入社会,因而没有必要再进行学习。这种想法是错误的。

希腊政治家、诗人梭伦(Solon)说:"活到老,学到老。"学校里学的知识是十分有限的。你在工作和生活中需要用到相当多的知识和技能,这些东西课本上都没有,老师也不可能全部教给你,只能靠你在实践中边学习边摸索。

学校教育仅仅是一个开端,其价值主要在于训练学生的思维并使其适应以后的学习和实践。一般来说,别人传授给你的知识远不如你通过自己的勤奋和努力所得到的知识深刻久远。你靠实践和经常复盘得来的知识将成为一笔完全属于你自己的财富。它更为活泼生动,更具有实用价值,而这恰恰是靠书本或被动接受别人的教诲所无法企及的。

可以说,如果不继续学习,你就无法获得生活和工作中需要用到的知识,就无法使自己适应快速变化的社会,这会导致你不能做好本职工作,甚至会被社会淘汰。

在科学技术飞速发展的今天,你只有以更大的热情,如饥似渴地坚持学习,并且把学习和复盘结合起来,才能不断地提高自己的整体素质,更好地投身到工作和事业中,获得更多的机会和成就。

第四章 把进步变成一种生活习惯

◉ 善于利用时间比善于利用财富更重要

本杰明·富兰克林说:"一个今天胜过两个明天。"如果我们在读名人传记的时候,对他们的成长和成功经历进行适当的复盘,就不难发现,他们无一不是善于利用时间的人。

被称为"现代法国小说之父"的巴尔扎克在 20 年的写作生涯中,创作了 90 多部作品,塑造了 2000 多个不同类型的人物形象,他的许多作品都成了世界名著。他的写作时间表是:从半夜到中午。也就是说,他先努力写作 12 小时,然后从中午到下午四点对稿件进行校对修订,五点钟用餐,五点半才上床睡觉,到半夜又起床写作。有时手指写得麻木了,两眼开始流泪,太阳穴激烈地跳动,他就喝一杯咖啡,然后继续写。有时,他一天只睡三四个小时。他曾经一夜写完《鲁日里的秘密》,三个通宵写好《老小姐》,三天写出《幻灭》的开头 50 页。

巴尔扎克说:"写作是一种累人的战斗,自己就好像向堡垒冲锋的士兵,精神一刻也不能放松。"一些传记作家介绍说:"每三天他的墨水瓶必得重新装满一次,并且得用掉十个笔头。"

和巴尔扎克一样,牛顿、居里夫人、爱因斯坦、爱迪生等都是利用时间的高手,是将坐车、散步、等人、理发等时间都用于思考问题的"挤时间"专家。

如果你想取得更大的成就,就要像他们一样充分利用时间。

高手复盘

时间就是生命，时间就是金钱，时间就是效益，时间就是一切。不投资时间，你什么事情也办不成，什么理想也不能实现。

善于利用时间比善于利用财富更重要，但也更困难。由于财富是一种有形的东西，所以财富的消耗还能引起你的警觉。而时间是一种无形的东西，如果你不时时提醒自己，它会消逝得很快，而且根本不会引起你的警觉。

很多人在不知不觉间就将时间全部浪费了。有的人常会坐在椅子上，伸着懒腰，心想："我希望能够彻底改变自己，可是我该怎么做呢？时间这么少，做什么都不够……"可是，当他有大块的时间时，却还是什么都没有做，结果让时间白白地浪费了。这主要是因为他没有养成充分利用时间的好习惯。

在对待时间的问题上，有一点是需要特别注意的：不要把"空闲的时间"变成"空白的时间"。例如，你和某人约好 12 点在某地相见，但是你 11 点就提前到达了约定的地点。这时候，你该怎么办？到咖啡馆里将这段时间消耗掉，还是到附近的商场闲逛？真正想有所作为的人，通常不会这么做。他们可能会看看附近有没有书店、博物馆，或者拿出随身携带的书籍，或者在手机上处理日常的工作。能有效地利用那些看起来零碎的时间，才能真正做到节省时间，而且这样可以使你觉得在这段时间里不会很无聊。

一个人如果连零碎的时间都能有效地利用，很容易养成珍惜时间的好习惯。

你可以在晚上找一段时间，复盘一下自己利用时间的情况。

第四章　把进步变成一种生活习惯

你能详细指出今天的每一个钟头甚至每一分钟自己都做了什么吗？其中有多少时间用在了有意义的事上？又有多少时间用在了无足轻重的事上？你今天究竟浪费了多少时间？如果今天可以重来，你觉得自己怎样做才能更加充分地利用时间？

在生活中，我们经常能听到下面这样的说法："天哪，时间过得真快""我的时间总是不够用""这件事不急，我可以留待明天再做""真是抱歉，我延迟了一点儿"……

不要忘了，你拥有的时间既不比别人多，也不比别人少。那么，关键的问题就不是你有多少时间可以用来做事情，而是你如何运用时间。

许多人很努力地拼搏着，他们从早忙到晚，一刻也不停歇。然而，他们似乎总是没有足够的时间，去做他们想做或者必须做的事情。

但是，谁都不能让时间停下，你能掌控的，就是利用好时间。你可以用你的时间去做任何你想做的事。你可以用它来实现自己的目标，也可以把它浪费在无所事事中。如何选择取决于你自己。

为了更科学地支配时间、更有效地利用时间，你可以采用一些复盘的技巧。

1. 制作一份时间清单

在接下来的两三个星期，制作一份时间清单，仔细分析你利用时间的情况。记录下你做每项工作、每次休息、每次做不必要的或重复性的工作所耗费的时间。

你可能会有一些有趣的发现。例如，你会发现自己每天都以固定的模式在浪费时间。你可以堵住这个漏洞，用更多的时间去实现你的目标。

又如，你会发现自己在一天里的某个时段可能效率更高。你可以在这些效率高的时段去做那些要求高效率的工作。如果你发现自己在某段时间里很有创造力，那么，你就把它分配给需要更多创造力的工作。

2. 找出浪费时间的小毛病

按工作成果来设定每一天、每一小时的工作目标，而不是按工作内容。找出那些浪费时间的小毛病，并克服它们。以下是比较常见的浪费时间的小毛病：

- 拖延——总把事情往后拖。
- 还没有掌握足够的信息，就尝试着完成工作。
- 做不必要的日常工作。
- 分心或被中断。
- 打电话或通过社交软件闲聊。
- 不必要的会议或会议持续的时间过长。
- 从事超越自己能力的工作。
- 在时间方面缺乏自律性。
- 做事没有设置优先顺序，或不会对妨碍你的优先顺序的事情说"不"。
- 过多地参加社会活动。

- 缺乏和工作有关的知识，未掌握应有的技巧。
- 延长休息时间。
- 因粗心犯错而不得不重做工作。
- 进行低效率的交流。
- 制定烦琐的制度和流程。
- 替别人干不属于自己分内的事。

当分析自己利用时间的情况时，你就会发现，上面这些小毛病，偷走了你的宝贵时间。通过复盘，你可能还会发现其他一些没在清单上的浪费时间的小毛病，你要努力把它们找出来并剔除。

3. 做时间预算

对自己的时间进行预算将会给你带来不错的体验。例如，当你把自己可支配的资金编入预算时，你就会对每个月固定的几笔开支进行一定的规划。如果你发现这些固定的开支超出了预算时，你就会压缩开支。通常，你在完成那些固定消费后，你的资金还会有些结余。聪明的人会把它投资于未来，然后购买让生活更舒适的物品。

同理，有了时间预算，你就可以在完成你认为应该做的事情后，使自己的时间还有富余。你可以在休息的时候享受生活，不必时刻争分夺秒地去赶时间。

当然，你做的时间预算要有弹性。要做到这一点，你要事先考虑到某处损失的时间是否能在以后的时间里得到弥补。例如，

高手复盘

你预计用一小时去做一项工作,你却用了 75 分钟,那么你可以从时间预算表里的休息时间里拿出 5 分钟,再从下两个计划中各拿出 5 分钟来弥补损失的时间。在预先知晓如何弥补损失的时间的情况下,你会发现自己很容易就能抑制住不认真工作的念头。你还会发现,你会评估干扰对你想要达到的目的造成了怎样的影响,并千方百计地将它们的影响程度降到最低。

刚开始,这种依靠行动计划和时间预算表的方式看起来似乎有些机械化,但是当你按照计划做事时,一切就会变得自然。你会喜欢上它,因为你会发现自己可以用更少的时间做完工作,而且在闲暇时间里,你会得到更加充分的休息。

通过制作一张时间预算表,你对如何利用每一天就有了选择权,这比坐等事情的发生要好得多。它会帮助你消除忙得要死和一事无成带来的压力与挫折感。

你还可以在一天快要结束时制作一张"今天已做事情一览表",通过复盘来判断、分析自己这一天过得是否富有成效,明天乃至今后有哪些需要注意和改进的地方。

⦿ 先做那些重要且紧急的事情

一位教授在桌子上放了一个透明的空玻璃罐子,然后从桌子下面拿出一些可以从罐口放进去的鹅卵石。教授把石块放完后,问他的学生:"你们说这罐子是不是满了?"

"是!"学生异口同声地回答。

"真的吗？"教授笑着问。然后他从桌子下面拿出一袋碎石子，把碎石子从罐口倒进去，摇一摇，再加一些，又问学生："你们说，这罐子现在是不是满了？"

这次学生们不敢回答得太快了。最后班上有位学生小声回答道："也许没满。"

"很好！"教授说完后，又从桌子下面拿出一小袋沙子，慢慢地倒进罐子里。倒完后，他第三次问班上的学生："现在你们再告诉我，这个罐子是满了，还是没满？"

"没有满！"全班同学很有信心地回答。

"好极了！"教授从桌子下面拿出一瓶水，把水倒进了看起来已经被鹅卵石、碎石子、沙子填满的罐子。

这些事都做完之后，教授问同学们："大家从上面这件事中学到了什么？"

班上一阵沉默后，一位学生回答："无论我们多忙，如果逼一下的话，还是可以多做些事的。"

教授点点头，微笑着说："答案不错，但这并不是我要告诉你们的重要信息。"他扫视了一遍全班同学，接着说："我想告诉大家的最重要的信息是，如果你不先将大的鹅卵石放进罐子里，也许以后就永远没机会把它们再放进去了。"

你每天都在忙，每天所做的事情好像都很重要，每天都在不断地往罐子里放小碎石或沙子。可是你有没有想过，什么是你生命中的"鹅卵石"？你是否知道应该先把它们放进罐子里？

"分清轻重缓急，重要的事情先做"是把握人生的基本原则。

这样你就能够利用有限的时间完成更多重要的事情，发挥时间的最大效率。

一些人常常被各种琐事、杂事所纠缠，被弄得精疲力竭、心烦意乱，总是不能静下心来去做最该做的事，或者是被那些看似紧迫的事所蒙蔽，根本就不知道哪些是最应该做的事。你觉得自己是这样的人吗？

有些人会依据下列准则来决定做事的优先次序：

- 先做喜欢做的事，再做不喜欢做的事。
- 先做熟悉的事，再做不熟悉的事。
- 先做容易做的事，再做难做的事。
- 先做只需花费少量时间即可做好的事，再做需要花费大量时间才能做好的事。
- 先处理资料齐全的事，再处理资料不齐全的事。
- 先做已排定时间的事，再做未排定时间的事。
- 先做经过筹划的事，再做未经筹划的事。
- 先做别人的事，再做自己的事。
- 先做紧迫的事，再做不紧迫的事。
- 先做自己所尊敬的人或与自己有密切的利害关系的人所拜托的事，再做其他人所拜托的事。
- 先做已发生的事，再做未发生的事。

然而，上述准则都不符合高效工作的要求。假如你有类似习惯，你需要尽快改掉它。

工作是以目标的实现为导向的。因此，你应按工作的"重要程度"来编排做事的优先次序。所谓"重要程度"，是指对实现目标的贡献大小。对实现目标贡献越大的工作越重要，越应被优先处理；对实现目标贡献越小的工作越不重要，越应该被延后处理。简单地说，就是根据"我现在做的是否使我更接近目标"这一原则，来判断工作的轻重缓急。

在开始工作之前，你必须习惯于先弄清楚哪些是重要的工作、哪些是次要的工作、哪些是无足轻重的工作。对于每项工作、每天的工作、一年或更长时间的工作，你都要如此计划，不要被紧急的工作逼得手忙脚乱。做其他事情亦如此。

设定做事的优先次序是一种简单而有效的时间管理方法。事情一般可以分为以下四种类型：重要且紧急，重要但不紧急，紧急但不重要，不紧急也不重要。

重要且紧急的事情重要性高，需要立即行动。此类事情会带给人们较大的压力。比如，老板紧急交办的工作、重要客户来访、家人突发疾病住院、不擅长的必修科目隔天要期末考试等。

重要但不紧急的事情对个人而言是很有意义的，可能是其许久的愿望或长远的目标。这类事情通常挑战性大，难度也大。比如，参加来年的重要考试、年底的婚礼、下星期的求职面试等。

紧急但不重要的事情本身重要性不高，但因为时间的压力，需要赶快采取行动。比如，接电话、换尿布、煮饭、处理邮件等。

不紧急也不重要的事情本身没有迫切完成的压力，而且重要性不高。比如，和朋友闲聊、唱卡拉OK、逛街、看电影、写问候信等。

学会"先做紧急的事，再做不紧急的事"是非常重要的。低效能的人，大都把80%的时间和精力花在了紧急的事上。也就是说，人们总是习惯按照事情的"缓急程度"决定做事的优先次序，而不是兼顾衡量事情的"重要程度"。

做要事而不是做急事的观念很重要，但常常被人们忽略。你必须让这个重要的观念成为自己的工作习惯。在每开始一项工作前，你必须先弄清什么是最重要的事、什么是最应该花费精力去重点做的事。

精心确定事情的主次有助于你养成良好的习惯。在确定每一年或每一天该做什么之前，你必须对自己应该如何利用时间有更全面的认识。要做到这一点，你要问自己以下四个问题。

1. 我从哪里来，要到哪里去

每个人都肩负着推动社会发展的责任，虽然现在你每天都在做着一些平凡的事，但再过10年或20年，你可能会成为公司的领导，或是企业家、科学家。所以，你要解决的第一个问题就是：明确自己将来要干什么。只有这样，你才能朝着这个目标不断努力，把一切与达成这个目标无关的事情统统抛弃。

2. 我需要做什么

你要弄清自己需要做什么。总有一些事情是你非做不可的，但关键是你必须清楚某件事情是否一定要做，或是否一定要由你来做。这两种情况是不同的。非做不可，但并非一定要你亲自做的事情，你可以委派别人去做，而你应该去做那些更重要的事情。

3.什么能给我带来最高回报

你应该把时间和精力集中在能给自己带来最高回报的事情上，即那些你比别人干得出色的事情上。你应该用 80% 的时间做能带来最高回报的事情，而用 20% 的时间做其他事情。

4.什么能给我带来最大的满足感

有些人认为能带来最高回报的事情就一定能给自己带来最大的满足感。事实并非如此。无论你地位高低，你总会把一部分时间用于能够带给你满足感和快乐的事情上，这样你才能始终保持生活热情，认为生活是充满乐趣的。

只要想清楚上述四个问题，并以此来判断纷至沓来的事情，你就不至于陷入事务性的泥潭，就可以很快地确定事情的主次，从而以最有效率的方法获得最大的效能。

◉ 克服日常浪费时间的坏习惯

在这个快节奏的时代，你是不是每天都步履匆匆，没有时间停下来，去反省自己整天在忙些什么？如果你的时间总是不够用，或许就是因为你有浪费时间的坏习惯。这些坏习惯，你是完全可以通过简单的复盘——回忆、反思和行动克服的。

为了向浪费时间的坏习惯发起挑战，你首先要进行回忆和反思，看看自己是否有以下坏习惯，想清楚这些坏习惯的危害是什么，怎么去纠正它们。

1. 喜欢盲目购物

有的人买东西上瘾，有时候刚刚买完一些东西，又在网上刷来刷去，甚至还要跑到商场、超市去逛。这些人应该反思一下：自己买的东西真的是必要的吗？买来的东西是不是很多都没有用，不仅花了钱还搭了很多时间？若将购物所得到的快乐和所付出的代价相比较，是不是有些得不偿失？

你要有计划地购物，不要受"优惠"或"打折"的诱惑而盲目购物。

2. 时常优柔寡断

悬而未决的问题往往会影响你的工作，使你在能自由支配的宝贵时间里变得心不在焉。关键不在于你是否有问题要解决，而在于它们是不是你一个月或一年前就已经有的老问题。如果是长期以来一直没有解决的问题，那么，它总共消耗了你多少时间和精力呢？

如果有些事情比较重要且非解决不可，那么你就要尽快解决。"快刀斩乱麻"不仅可以避免浪费时间，还可以减少你的很多烦恼。

3. 不敢打断别人的话头

过分地谦恭有礼也会消耗你的时间。你也许有过这样的经历：对方明知道你马上就要出发，而且就要迟到了，还是没完没了地讲话。在这种情况下，你会果断地拒绝吗？

你可以客气地打断对方的话头："对不起，我实在不得不告辞了。"这可能会使对方扫兴,但比起让你心烦意乱、如坐针毡地继续听下去要好得多。

4. 过度依赖手机

随着智能手机的普及,越来越多的人发现自己已经无法离开手机了。他们随时随地都在刷新社交媒体、查看消息,一不小心就浪费了几十分钟,甚至忘记了必须马上着手的重要事情。这种对手机过度依赖的习惯,已经影响到人们的日常生活和工作。

为了避免这种坏习惯,你最好对每天使用手机的时间进行设定,并且在时间结束后将手机放在一边,避免无限制地使用手机。你可以为自己设定一些规则,比如"不在吃饭时看手机""上厕所时不看手机""晚上睡觉前半小时不使用手机"等。你还可以用阅读、学习新技能、做运动或者和家人交流来代替看手机。这样不仅有助于你摆脱对手机的过度依赖,还可以丰富你的生活。

5. 做事没有计划

攻读一个学位要多长时间?完成一项工作要多长时间?晚饭后到睡觉前这段时间能做些什么?你有多少个晚上能用来参加社会活动?你还想做更多的事吗?

精心地制订你的计划是减轻负担、节省时间的关键。

6. 东西摆放杂乱无章

不论你住的房子是大还是小,你都可能在找一件衣服、一支笔或一本书上浪费时间。杂乱无章就意味着浪费时间。

如果你能够把东西摆放得井井有条,把生活安排得井然有序,你就能够避免在找东西方面浪费时间。

7. 不注意维修和保养

汽车销售服务商建议你及时更换汽油滤清器，这样就可以不必更换汽车发动机了。虽然这要花费点时间和金钱，但如果你不这样做，就意味着你将来要花更多的时间和金钱。

对生活中的一切你都要精心保养。例如，好好保护你的牙齿，这样你就不必日后在牙科候诊室里等得心烦意乱了。

又如，注意电脑的日常维护和保养，定期进行磁盘碎片整理，可以提高硬盘的读写速度；定期备份重要数据，可以防止数据丢失；经常检查并优化启动项，关闭不必要的自启动程序等，可以让电脑保持良好的运行状态。

8. 让时间在等待中白白消逝

生活中有许多时间都消磨在等待中。实际上，有很多等待时间是可以被利用的。

当你在车站或机场等待的时候，可以阅读随身携带的书籍、写工作计划、构思论文、打电话联系业务等。

9. 不会积极拖延

一个积极拖延者在遇到不必着急且不感兴趣的事务时，常常会采取这样一种措施：先做其他事，把不着急、不想干的事留到不能再拖延的时候再处理。对这些人来说，积极拖延是一种产生社会效益的能力，让他们可以有更充足的时间和精力投入另一个值得花时间、花精力的领域，去做那些重要且紧急的事情。

积极拖延还有一些好处。它能使人们在下决心之前获得更多的信息。它能使一些棘手问题，通过时间的推移，自己得到解决。

此外，当有人想把某件事强加于你时，积极拖延能给你提供一个现成的借口："我很愿意效劳，但是我真的不得不……"那些善于积极拖延的人比不善于积极拖延的人更具有战略优势，因为他们总是从容不迫。

必须强调的是，这里说的"积极拖延"，是对于无关紧要的事所采取的一种处理方式，以节省时间；对于做事拖延的坏习惯，你一定要改正。

◉ 别把拖延当成无所谓的小瑕疵

一位著名的学者说："不要以为拖延的习惯是无伤大局的，它是个能使你的抱负落空、破坏你的幸福，甚至夺去你的生命的恶棍。"不要把拖延当成无所谓的小瑕疵。例如，企业家可能会因为没能及时做出关键性的决策而遭到失败，学生可能会因为没有及时掌握应有的知识而失去获得学位的资格，病人可能会因为延误了看病时间而无法挽回生命……拖延的坏习惯是成功的天敌。

时间管理专家一般都会建议你"立即行动"，即凡是决定要做的事、需要处理的工作，立刻动手去做，并且一次做完。这是卓有成效的工作习惯，可以省去记忆或从头再来的时间。它更大的优点在于，随时处理完手头的事情会令人心情轻松。遇到需要交涉的问题马上登门拜访，就不会被竞争对手抢走订单；读完邮件马上回复,就不用等回复时再读一次邮件……

爱拖延的人总能找到拖延的借口,比如"时机不对""现在太忙""没有时间""如果有大段时间就能做得更好"等。事实上,懒惰的习惯和思想才是造成拖延的真正原因。一个习惯于拖延的人总是把事情推到明天,拖到以后,结果就是什么事都没有做,一事无成。

需要注意的是,不要把拖延和有计划地推迟混为一谈。有计划地推迟是某些事情确实存在合理的推迟原因,而拖延是没有必要地推迟一项现在就应该完成的任务。

你不妨对自己的行为习惯进行一次专门的复盘,看看自己是不是有拖延的坏习惯。这些行为习惯具体有哪些表现?它们如何影响你的生活?之后,你可以参照下面的建议采取行动。

1. 找出让你拖延的原因

将你所有拖延的事情列一份清单。

对于每一件事情,根据其对你的压力大小进行评估。记住:这与重要性的评估并不需要完全一致。某些十分重要的事情也许并没有使你感到麻烦,另外一些相对不太重要的事情反而让你感到头疼。首先着手进行那些最让你感到头疼的事情。

令人头疼的事情就像是午餐之后的盘子,忽视它们并不会使其消失,反而会使它们清洗起来更加困难。对于一项困难工作的恐惧和猜想往往比它本身更加可怕。不要犹豫,放手去做就是。

注意给自己定个期限。即使它不是最重要的,你也要试着在一定期限内完成它。

2. 检查自己的态度，不要一味地追求完美

你是一个完美主义者吗？你是否将做事的标准定得过高，以至于自己无法达到？对标准稍作调整的话，你是否可以使事情更容易完成？如果你总是把事情拖延到你认为最完美（没有任何障碍）的程度，你就永远做不完任何事情。继续处理清单上面的事情，直到所有的事情都完成。确保在前进的道路上不时给自己一些奖励。

3. 保证总是在处理优先事务

在复盘的过程中，你要经常问自己："怎么才能更好地利用我的时间？"为了回答这一问题，此处你可以再提出以下问题："如果我现在不做这件事情，我以后还会做它吗？""它与我的目标直接相关吗？"这样做可以帮助你约束自己，使自己做事更加富有条理，并且保证总是在处理优先事务。

需要完成的工作一经确定，你要立刻将相关文件从文件夹中取出，放在你的办公桌上。如果完成这项工作需要你到办公室或其他地方，甚至是室外，那么你要立刻去相应的地方，并且马上开展有效的工作。

4. 设定一个短的时间计划

告诉自己："我先用5分钟时间做这项工作，然后再决定是否停止工作。"对于任何工作，仅仅做5分钟都不会十分困难。你要确保自己先做5分钟，然后再允许自己停止工作。也就是说，在5分钟之后，如果你仍然认为自己无法继续做这项工作，再停止工作。

这就像你去游泳馆游泳。一开始，你可能会感觉水很冷，但是，一旦你适应了，就不会再感觉那么冷了。如果你可以做5分钟，那么你就可以做15分钟。既然你可以坚持，为什么不继续做呢？但是记住，只有做了5分钟之后，你才可以允许自己放弃。最悲惨的事情莫过于，你原本在5分钟内就可以完成一项从来没有接触过的工作，而你却根本没有着手去做。

记住：成为优秀的人不是一蹴而就的，成功靠积累，靠循序渐进。别小看今天的一次小行动、一个小进展，它关系着以后的大成功，它是你克服坏习惯、不断完善自我的一个必要步骤。

◉ 你的生活不应该是单调的重复

从前，有位年事已高的僧人，在太阳底下晒菜干。有人问他："请问师父，您多大年纪了？"

"68岁。"

"您这么大年纪，应该歇着享享福了，干吗要干这个辛苦活儿？"

"因为有我存在。"

"那又何必一定要在太阳底下干活？"

"因为有太阳存在。"

老僧的话，有他的一番深意。老僧正是在用一种最平实的方式不断进行自我超越。既然生命不息，那就应该不断进取，超越自我。

第四章　把进步变成一种生活习惯

在日常生活中,你可能会有这样的感觉:每天都在做同样的事情。今天是昨天的重复,明天又是今天的重复,既单调又无趣。如果每天只是这样翻来覆去地延续,人生就毫无希望、毫无意义了。倘若你希望彻底改变自己的人生,步入杰出者的行列,你的生活就不应是单调的重复。

你必须结合自身的生活时常进行复盘,努力做到:今天比昨天进一步,明天比今天进一步。也就是说,每天要有改变,有进步,有发展。通过复盘不断积累人生经验、不断向优秀的人物学习、不断优化行动方案、不断超越自我,你就会每天都有进步。日积月累,你的人生就会得到升华。

19世纪英国政治家、历任四届英国首相的格莱斯顿在70岁时还在学习新的语言;俾斯麦死时83岁,他最伟大的工作是在他70岁以后才完成的;16世纪意大利画家提香,一直作画到去世时为止;歌德在83岁去世的前一年才完成《浮士德》;天文学家拉布兰在79岁去世时说"我们不知道的是无限的"。

20世纪初,美国著名的心理学家威廉·詹姆斯提出,一个正常健康的人只运用了其能力的10%。后来有专家认为,不是10%,而是6%。再后来又有学者估计,一个人所发挥出来的能力,只占他全部能力的2%~4%。

心理学家认为,如果一个人不去唤醒他的潜在能力,这些能力就会逐渐自我毁灭。这和一句体育界的话相似:不用,就会失去。肌肉如果不运用,就会萎缩。

你应该认识到,有些陈规陋习很容易侵害你,阻止你接受新经验。如果你想提高自己的能力、挖掘更大的潜力，就要除去那些限制你发展的陈规陋习，让新的经验和信息输入。

一位从商仅4年的女士，在4年内开了4家五金店。这位女士创业时只有3万元资金，她缺乏经验，却不得不应对同行的激烈竞争。

她的秘诀是什么呢？她说是自创的"每周改良计划"，这也是本书一直在介绍的复盘。

这位女士把工作分为四项：顾客、员工、商品、升迁。她每天会把各种改进业务的构想记录下来。每个星期一的晚上，她会花4小时进行复盘：检视一遍自己写下的各种构想，同时考虑如何将一些可行性较强的构想应用在业务上。在这4小时内，她强迫自己回顾和反思自己的工作，而不是仅仅盼望更多的顾客上门。她会问自己：哪些方面我做得较好，可以坚持？哪些方面是错误或失败的，必须进行改进？还能做哪些事情来吸引更多的顾客？怎样培养稳定、忠实的老顾客呢？我还能做什么来提高商品的销量？

一旦想出好的主意或办法，她第二天就去实施。她说："成功人士通常会不断地为自己和别人设定较高的标准，不断寻求提高效率的各种方法，以较低的成本获得较高的回报，以较少的精力做较多的事情。"

如果你问那些功成名就的人成功的经验，他们会很诚恳地告诉你：要取得杰出的成就，只投入时间以及卖力地工作是不够的。

第四章　把进步变成一种生活习惯

　　在生活中，想要不断取得进步，除了努力工作，你还要经常进行复盘，仔细地分析、总结，不断地改进方法，以提高自己的能力。

　　如果你想把复盘变成自己最重要的一种习惯，那么每天入睡前你都要做这项工作。它包括回顾和总结今天的经验与教训、思考明天的行动：怎样才能把工作做得更好？我还能为客户提供哪些独特的服务？我应该如何使工作更有效率呢？

　　复盘很简单，但很有效。试试看，你一定会找到无数创造性的方法来获得更大的进步。

第五章

改变对失败的看法

许多时候，能否取胜，取决于你的执着和坚持精神。你想要改变自己的人生，就要从现在开始改变对失败的看法，坦然地面对失败和挫折，不要因失败而怀疑自己，不要一遇到挫折就想退缩。每一次失败都是一次经验的积累，每一次挫折都可能帮助你今后更好地去发掘和把握更多的人生机会。

高手复盘

在失败中看到成功的因素

古人说:"欲做精金美玉的人品,定从烈火中煅来;思立掀天揭地的事功,须向薄冰上履过。""士人有百折不回之真心,才有万变不穷之妙用。"事业成功的过程,实质上就是不断战胜失败的过程。成就大事业者,更是如此。

东晋末期,社会环境混乱污浊,陶渊明带着"大济苍生"的愿望踏入仕途,社会的现实却不容他的理想、志向有发展的机会。刚直坦率的性情,使他看不惯官场种种的黑暗现实,但是他又希望能够发挥自己的才能。他曾陷入无尽的痛苦,但并没有因此而沉沦。相反,他在对现实的渴望和苦闷中挣扎着,在努力维持最低水平生活的劳动中挣扎着。他对社会进行了深刻的反思,最终创作出一处理想王国——"桃花源",以表达自己对黑暗现实的痛恨和反抗,也因此取得了一定的文学成就。

在中华上下五千年的历史中,这样的例子还有很多:周文王被拘禁在羑里城时,推演了《周易》;孔子在困穷的境遇中,编写了《春秋》;屈原被流放后,创作了《离骚》;左丘明失明后,写出了《国语》;孙膑被砍去了膝盖骨,编著了《孙膑兵法》;韩非被囚禁在秦国时,写下了《说难》《孤愤》;《诗经》300多篇也大多是劳苦大众为抒发郁愤而写出来的。

被楚庄王拜为令尹的孙叔敖,具有政治、经济、军事等多方面的卓越才能，然而他的仕途并非一帆风顺。他曾经三起三落，但"三为令尹而不喜，三去令尹而不忧"。

在人们的心目中，诸葛亮可谓神仙一样的人物。可是细读过《三国演义》，你就不难发现：诸葛亮原来是个常败统帅。他不但有"弃新野，走樊城，败当阳，奔夏口"的败绩，而且败仗打得还不少。他晚年全力以赴组织的六出祁山，也都以失败告终。诸葛亮尚且如此，何况普通人呢？

所以说，无论成就任何一项事业，都难免会遇到困难和挫折。欲成就大事业者，能否经受住错误和失败的严峻考验，是一个非常关键的问题。缺乏决心和信心常成为成功的障碍。

我国古代"愚公移山"和"铁杵成针"的寓言故事，都说明了坚忍的性格和执着的精神对于取得事业最终胜利的重要意义。

有人认为，经受住几十次、上百次失败的打击而精神不垮，需要钢铁般的坚强意志，一般人是难以做到的。实际上未必如此。坚强的意志并不等于单纯地忍受失败，你完全可以采取复盘的方法来应对失败，对失败进行科学的认识和正确的评价。

成功者都知道，没有失败就不会有成功，失败中包含着成功的因素。他们认为在前进道路上遭遇失败是理所当然的，有着足够的心理准备。他们知道，每一次失败都是一次经验的积累。

古人曾说："能胜能不胜之谓勇。"能够安于胜利和成功，对待挫折和失败也能安然处之的人，才是真正的勇士。只有不怕失败的人，才是真正的英雄。

被失败吓倒的人，与其说是害怕失败，不如说是对失败缺乏正确的认识。许多人把失败看作一种不幸和灾难，在事情刚开始时，就抱有"只许成功，不许失败"的想法，这不仅是不现实的，也是不明智的。"胜败乃兵家常事"，不仅是打仗，做任何事都存在胜利或失败两种可能性。最重要的不是祈盼常胜不败，而是失败后能够及时复盘，善于总结经验和教训，避免反复在同一个地方跌倒，让挫折和失败成为你成功道路上的"垫脚石"。

⊙ 暂时没有成功不等于失败

一支篮球队因为连输了10场比赛，被它所在的俱乐部更换了一位新教练。

这位教练很有想法，也有一套"战术"。他注重的不是提高球员的技术，而是改变他们的心态。他告诉球员："过去的10次失败不算什么，接下来是全新的教练、全新的球队、全新的比赛，该轮到我们获胜了！"

教练带领球员齐声高呼："我们不会再失败！我们要赢！"

结果，接下来的第11场比赛打到中场时，这支球队又落后了30分。

球员们垂头丧气地走向休息区，沮丧地看着教练。教练似乎并没有着急，他大声问球员们："我们是不是现在就认输，放弃比赛？"

球员们摇着头，嘴里说着不要放弃，可是一个个无精打采的样子，表明他们已经完全没有斗志。

第五章 改变对失败的看法

教练可不想认输,他带领球员们齐声大喊:"我们不会再失败!我们要赢!"

喊过三遍口号之后,大部分队员脸上有了笑容,眼光里有了神采。

教练开始给球员鼓劲:"各位,我们并不比任何优秀的球员差,我们只是暂时没有发挥好。假如篮球之神迈克尔·乔丹遇到类似我们今天的情况,在连输 10 场比赛之后,第 11 场比赛进行到一半又落后 30 分,他会放弃吗?"

球员答道:"乔丹不会放弃!"

教练又问:"假如拳王阿里在赛场上被打得鼻青脸肿,但钟声还没有响起、比赛还没有结束,他会不会选择放弃,提前认输?"

球员答道:"拳王不会!"

"假如百折不挠的发明大王爱迪生来打篮球,遇到这种状况,会不会放弃?"

球员回答:"不会!"

教练接着问球员:"如果翰德比分落后这么多,会不会放弃?"

球队安静了片刻,有人问:"翰德是谁?我怎么好像从来都没听说过这个名字?"

教练笑了笑,说:"你确实没听说过这个名字。因为翰德以前在比赛的时候选择了放弃,所以没人知道他是谁!"

在人生的旅途中,人人都会碰到艰难险阻。人生总有迂回曲折，它伴随着你的成长过程。在人生的转折关头，如何去看待、去应对，全看你自己。你可以把它当成时运不济、危机、灾难，作为自己失败的借口；你也可以把它当作一种挑战，通过复盘，尝试寻找突破口，探索更可靠的道路。

逃避是最容易但是损失最大的选择。在生活中，很多人失败的主要原因，就是过早地主动选择了放弃。只要你不放弃，坚韧不拔，不断通过复盘来总结经验和教训，探索新的途径以寻求突破，勇往直前，迎接挑战，就会有成功的机会。你若甘心失败，并且失去再次尝试的勇气，就会经历真正的失败。

爱默生说："伟大人物最明显的标志，就是他坚强的意志。不管环境如何恶劣，他们的初衷与希望不会有丝毫的改变，并将最终克服阻力达到所期望的目的。"跌倒以后，立刻站立起来，总结经验并向失败挑战，这是绝大多数伟人的成功秘诀。

有人问一个小孩，怎样才能学会溜冰。小孩回答："每次跌倒之后，立刻爬起来。"

记住：跌倒不是失败，跌倒后不站起来才是失败。

或许你会说，你已经失败了很多次，所以再试也是徒劳的。可是对有些人来说，即使经历了很多次失败，他们也不会放弃，因为他们有着坚强的意志和永不言败的精神。

一位爱尔兰老人对正要上船去追求梦想的年轻人提了几点忠告："记住三根骨头：第一根是胸骨，也叫渴望骨；第二根是下巴骨；第三根是脊梁骨。渴望骨让你不断去寻找你想要的东西；下巴骨让你不断问问题，获得你想要的知识；脊梁骨让你一直坚持，直到得到你所期望的成功。"

有的人之所以成功，就是受益于先前的失败。如果没有遭遇过失败，也许他并不能得到成功。对于有作为的人，失败反而可以增加他的决心和勇气，为他提供经验、带来启发。

对那些自信且不在乎一时得失的人来说，没有所谓的失败；对拥有百折不挠的意志、坚定目标的人来说，没有所谓的失败；对别人放手而他仍然坚持、别人后退而他仍然前进的人来说，没有所谓的失败；对每次跌倒立刻站起来、每次坠地会像皮球一样反弹得更高的人来说，没有所谓的失败。

如果在连续三次失败之后，你想到的不是退缩或放弃，而是通过复盘研究可以改进的地方，探索更加可行的方法，那么你必将实现宏大的理想。

◉ 从失败中复盘出更聪明的方案

亨利·福特说："失败能提供给你以更聪明的方式再次出发的机会。"比尔·盖茨在微软公司经常冒着失败的危险雇用犯过错误的人。他说："失败表明他们肯冒险。人们对待错误的方式是他们应变的指示器。"

历史上首位身家破 3000 亿美元的特斯拉公司首席执行官埃隆·马斯克越来越引人注目，他最重要的特质就是克服逆境的能力。无论是在太空探索技术公司还是在特斯拉公司，马斯克都经历了多次失败，但他总是能够保持乐观和坚毅的态度。这或许是他能取得许多令人惊异的成就的主要原因。他最喜欢丘吉尔的名言:"如果你正在地狱穿行,那就继续前进。"在"猎鹰1号"火箭首次发射的过程中,他不怕失败和挫折的特质得到了充分的展现。

经过多次推迟,2006年3月25日,马斯克期待已久的历史性的一天终于到来。然而,"猎鹰1号"点火升空后,欢呼声还没散去,引擎就起火了,火箭随之坠入大海……

马斯克在对整个研发过程进行复盘之后,对媒体说:"这是一次试验发射,所以此次飞行应该说还是成功的。对于成功的概念,很多媒体都有混淆。实际上,试飞和实际发射卫星在成功的标准上是有区别的。试飞是为了在实际发射卫星前获取数据,其成功的程度要看所获数据的多少。'猎鹰1号'首次飞行获得了有关第一级、地面保障设备和发射台的大量数据,这就足够了。"

2007年3月20日,"猎鹰1号"火箭再次发射升空。两天后,马斯克向媒体证实,在这次发射中,火箭第一级和第二级发生了碰撞,第一级火箭也未能成功回收。在仔细分析失败的原因和考虑多方面的因素之后,他说:"本次试飞的主要目的是掌握充分的数据,以确保在下次飞行中实际发射卫星时,能有更大的把握。我们认为本次试飞做到了这一点,所以说,我们的目标已经实现了。"

2008年8月2日,"猎鹰1号"火箭第三次发射又失败了。马斯克说:"乐观也好,悲观也罢,事情已经这样了。我们将继续进行第四次发射,第五次发射也在筹备中,制造第六枚'猎鹰1

号'的计划也已获批。请全世界做证，我就是拼了命，也要把事做成！"他坚持认为，执着是企业家的重要品质。当然，他并没有忽视通过复盘查找问题，不断努力尝试改进，仅仅八周后的9月28日，火箭成功发射。

马斯克说："我认为人们可以选择不平凡。一个人的一生，如果没有经历几次失败，就会错过挑战极限的机会。人生的历程总是伴随着无数次的成功与失败。既然我们选择了创新，就不能畏惧失败，而应该从每次的失败中咀嚼事物的本质。通过不断试验，我们终能成功。"

他所说的"从每次的失败中咀嚼事物的本质"，就是通过对发射过程进行复盘，查找失败的原因，探索获得成功的途径。

杰罗姆·罗宾斯（Jerome Robbins）认为，一个人在经历巨大挫折之后才会表现得更出色。由于失败的代价太惨痛了，因此你以后再犯类似错误的可能性很小。而且，因为失败的你已经跌到谷底，所以除了向好的方面转变，没有别的可能。一次彻底的失败，会使你发生巨大的变化。高尔夫球手鲍比·琼斯（Bobby Jones）说："在我取胜的比赛中，我一无所获。"他重视每一次失败，并从中获益。

失败能够使人们在选择是遗忘还是铭记之间挣扎，这很有意思。在忘掉失败的痛苦的同时，牢记教训是十分重要的。在经历失败之后，你可以先认真复盘，分析失败的主要原因，查找自己在哪些方面做得不够好，总结出可以改进的地方和可以探索的方法，然后告诉自己："回去工作，改正错误。下次要有所改观，要做得更好。"

有一位作家，他把自己收到的所有拒绝信装进相框，挂在客用洗手间里，让每位来访者都能看见。在进行认真复盘和改进的同时，他对失败采取了一种嘲弄的态度。还有一位女演员，她的做法跟那位作家类似。她把那些恶意攻击自己的评论悬挂起来，嘲笑那些取笑她的人。在别人看来这是一种损失，在她看来这却是一种获得。

在古希腊重要的两部史诗之一的《奥德赛》中，那些身经百战的老兵堪称英雄。他们并不掩盖伤疤，而是把伤疤视为身上的盔甲。当你失败的时候——不管是你没有完成销售任务，还是你创作的小说被你十分重视的刊物退稿，抑或是你被公司辞退，最好的办法就是接受你的失败，用纱布将伤疤包扎好，准备进行下一次战斗。你要对自己说："伤口不浅，但是它会愈合。我不会忘记这次教训。当我重新投入战斗时，这次受的伤会对我有所帮助。"

想要从失败中获益，你必须通过复盘找到失败的真正原因，然后着手进行有针对性的改进。在查找失败原因的时候，你可以重点从如下四个角度来分析。

1. 是否存在能力方面的不足

你脑子里有想法，却缺乏将之付诸行动的能力。这种失败是最残酷，也是比较常见的。这意味着，你的目标超出了你的能力范围。以舞蹈表演为例，最常见的失败通常和表演者的肢体语言不够丰富有关，又或者跟表演者无法得知观众怎样理解自己的舞蹈动作有关。缺乏旋律配合技巧的作曲家试图创作赋格曲（复调乐曲的一种形式），或是听力较差的作家为作品中的人物设计对白，都会遭遇这种与能力不足有关的失败。面对这类失败，你唯一能做的就是加倍努力，以培养你所需要的能力。

2.是否能合理安排时间

如果你从事一项时间安排不符合自己实际情况的工作，则很容易失败。具体有如下三种表现：

（1）时间安排过于紧凑，缺乏变通性。你试图利用一切可利用的时间，却没有安排休息时间，不能纾解紧张的情绪，这样做很容易造成时间占用率高、利用率低的局面。

（2）时间安排分散，没有递进措施。你这样安排的本意可能是想让自己更好地控制时间，但到头来往往因为拖延，造成工作进展缓慢，难以在规定时间内达成目标。

（3）方法太多，变化随心，没有规整地利用时间。如果你制定了太多利用时间的方法，而且随时在调整方法，这些方法就很难产生实际效果。最终，你只能眼看着时间一天天过去，工作却没有成效。

3.是否能做出正确的判断和决策

假如你是一位导演，你可能会遇到这样的情况：有些镜头本该被删掉，你却将他们保留下来。也许是你偶尔降低了标准，没有像往常那样做出正确的判断；也许是你放弃了自己的想法，遵照了别人的意愿；也许是你不愿伤害演员的感情……

避免这类错误的方法就是，你要时刻牢记，人们是通过你的作品来评判你的。要为整部影片负责任的那个人是你,而不是被你删掉的那些镜头里的演员。

因此,在拍摄一部影片的过程中,你要及时进行复盘,随时发现偏离你初衷的错误和问题,并及时进行修正和解决。做其他工作也是同样的道理。

4. 是否缺乏足够的勇气和毅力

还有一种失败是与精神有关的。例如,你缺乏足够的勇气去实施自己的想法,并将其进行到底。无论干什么事,最初往往是相对容易的。但是,随着时间的推移、难度的增加以及精力的耗费,有的人便从思想上开始懈怠,并产生畏难情绪,接着便停滞不前,最后放弃了努力。比如,参加马拉松比赛的人最初有成百上千,但是跑出一段路程之后,参赛的人便渐渐少起来,原因是坚持不下去的人逐渐开始自我淘汰。越到后面人越少,跑完全程并能够冲刺的人更少。获奖者实际上就是在这些坚持到最后的人当中产生的。参加马拉松比赛的人,与其说是比速度,不如说是拼耐力,也就是看谁能坚持到最后。

意志顽强的人,完全有能力突破环境和自身不利因素的阻碍。假如你觉得自己的意志不够顽强,在实现目标的过程中缺乏足够的勇气和毅力,你可以在日常生活中有意识地对其进行强化和锻炼。比如,不论做任何事情,你都给自己定任务、定时间、定标准,并下定决心完成它;坚持体育锻炼,尤其是长跑,你的身体素质和心理素质会得到显著提高。你可以收集有关坚强意志的座右铭,加强自我激励;也可以坚持写日记,做到"每日三省吾身"，以便及时发现缺点并改正它。长期坚持，有助于培养不怕困难、坚持不懈的精神。

经验来自对失败的总结。每个人都可以从自己的经历中受益，得到不同的经验。你要通过努力复盘，放弃那些不切实际的目标，通过"试验—错误—再试验"的方法，为自己积累经验，同时发现自己的弱点和不足，并努力地克服和弥补它们，将自己前进的道路调整到正确的方向上，最终把失败变为成功。

◉ 积极寻找解决问题的方法

在一场重要的美式足球比赛中，东道主队被客方球员带球进入达阵区（美式足球使用的标准球场是一个长 360 英尺[①]、宽 160 英尺的长方形草坪，较长的边界被称为边线，较短的边界被称为端线。端线前的标示线被称为得分线，球场每侧端线与得分线之间有一个纵深 10 码[②]的得分区叫作端区，也称达阵区），对方一下子就领先了 6 分，比赛眼看就要结束了。外接员球衣的号码被观众大声叫喊着。整个下午，外接员都在球场上拼命来回奔跑，他的身体各处都被对方的防守队员撞得生疼。他知道，整个下午，四分卫的压力一直很大，防卫组需要传球的时候，他传球到位的比例远远低于平时的水平。

---

① 1英尺大约等于30.48厘米。
② 1码等于0.9144米。

高手复盘

于是，他放缓了自己在球场上的奔跑速度。他想偷一会儿懒，目光不由自主地去找球。令他感到吃惊的是，他看到球正朝向自己飞来——传得正好到位。这位外接员以一个很漂亮的姿势一跃而起，企图接住球。但是，他跳得稍低了一点儿，球落在了场地外面。他失败了。观众席中传来了不满的叫声。

外接员慢慢地站了起来。他不敢承认没有接到球是自己的失误，假装一瘸一拐地向边线走去。他知道自己不能从观众那里赢得尊敬了，所以就希望获得一点儿同情。他为自己寻找的借口是"失败者的跛足"。

如果复盘这位外接员在这场比赛中的表现，你能获得哪些启示呢？你有过类似这位外接员的经历吗？在生活中，你遇到过这样的人吗？如果以后你参加类似的比赛出现失误，你会怎么做呢？

如果你觉得自己的思路还不够开阔，你可以再看看下面这个故事。

1953年11月的一个凌晨，大约3点钟。刚过20岁的年轻消防员埃里希正在消防队的电话总机室值班。

电话铃突然响起。

埃里希赶紧拿起听筒："您好，这里是消防队！"

电话的那端没人回答，可是埃里希似乎听到一阵沉重的呼吸声。过了一小会儿，传来一个中年女人一阵慌乱的声音："救命，救命啊！我站不起来了！我在流血！"

埃里希回答:"别慌,女士。我们马上就到,您在哪里?"

"我不知道。"

"您是在自己的家里吗?"

"是的,我想我是在家里。"

"您的家在哪里,在什么街?"

"我不知道,我的头很晕,我在流血。"

"那么,请您告诉我,您叫什么名字!"

"我记不起来了,我的头被撞坏了。"

"请不要挂电话,我们会尽力帮您!"

埃里希拿起另一部电话,拨到电话公司,接线的是一个年老的男人。

"麻烦您帮我查一下×××号客户的名字和住址,这位客户遇到了麻烦,现在正在打电话向消防队求救。"

"对不起,我做不到。我是守夜的警卫,我不知道该怎么查。而且今天是星期六,我旁边没有别人。"

埃里希挂上电话,他只能另想办法。他又问那个求救的女人:"您是怎样找到消防队的电话号码的?"

"号码写在电话机上,我跌倒时把它拖下来了。"

"您看看,电话机上是不是也有您家的电话号码?"

那个女人的声音越来越弱:"没有,没有任何别的号码。请你们快点来啊……"

埃里希想获得对方更多的信息:"那么,请您告诉我,您能看到什么。"

> 高手复盘

"我能看到窗户——窗外——街上——有一盏路灯。"

埃里希推测：她家的窗户面向大街，而且是在一层，因为她能看见路灯。

他继续追问："窗户是怎样的？是正方形的吗？"

"不，是长方形的。"

埃里希想：这是比较老式的窗户，很可能是在一个旧小区内。

"您的房间开着灯吗？"

"是的，灯在亮着。"

埃里希还想继续问，但是对方不再有任何回应了。

埃里希感觉必须马上采取行动。但是能做什么？

他打电话给队长，向他报告遇到的问题。

队长说："一点儿办法也没有。没有更多的信息，咱们根本没法找到那个女人。而且，不能总是让这个女人占用我们的一条电话线，万一哪里发生火警呢？"

但是埃里希不愿放弃。救命是消防员的首要职责！他继续努力想办法。一开始队长完全不同意，认为那是浪费时间。但是埃里希态度诚恳、语气坚决，而且人命关天，队长终于被他说服了。

按照埃里希的请求，15分钟后，20辆消防车在城中发出响亮的警笛声，每辆车向不同的方向跑去。

那个女人已经不能再说话了，但埃里希仍能听到听筒里传来的她那急促的呼吸声。

第五章 改变对失败的看法

10分钟后，埃里希向队长报告："我听到电话里传来的警笛声了！"

队长通过对讲机下令："1号车，关闭警笛！"

埃里希说："我还能听到警笛声！"

队长接着下令："2号车，关闭警笛！"

"我还听得见。"

…………

直到第12辆车关闭警笛，埃里希终于听不见声音了。

队长下令："12号车，打开警笛。"

埃里希说："我现在又听到了，但越来越远！"

队长下令："12号车掉头！"

不久，埃里希又报告："12号车的警笛声现在非常刺耳，应该离目标非常近。"

队长命令："12号车，你们现在找一扇有灯光的窗户！"

"有上百盏灯在亮着，这时候警车鸣叫，很多人们都在窗口看热闹！"

队长下令："用高音喇叭喊话！"

埃里希从电话里听到高音喇叭的声音："各位女士，各位先生，我们正在寻找一个遇到大麻烦需要救助的妇女。她在一间有灯光的房间里，请其他人关掉你们的灯。"

很快，除了一个房间仍有亮光，所有的窗户都变黑了。就这样，打求救电话的妇女被找到了。随后，她被送到了医院，得到了有效救治……

从埃里希的做法中，你悟出了什么？

在生活的道路上，人们时常会遇到困难和挑战。成功者会积极寻找解决问题的方法，即使面对困难也不会轻易放弃。相反，失败者往往会寻找借口来解释他们的失败，而不是努力去解决问题。这就是成功者和失败者的区别。

成功者	失败者
总是在想办法	总是在找借口
总是说："我要做好它！"	总是说："那不是我的工作！"
努力寻求每一个问题的答案	对每一个答案都存有疑虑
总是说："我能行！"	总是说："我做不到！"
想方设法地完成它	千方百计地推脱它

不同的态度决定了不同的结果。在遇到困境的时候，为了摆脱停滞不前的状况，你一定要把复盘和改进结合起来，努力地寻找突破障碍的方法。具体可以参考如下建议。

1. 客观地分析问题

在复盘的过程中，分析问题的直接目的是解决问题，深层目的是提升自己、完善自己，扫清自己的知识盲区，发现认知死角，改变思维定式，更好地适应外界，让自己变得更加强大。因此，你一定要坚持正确的立场，实事求是，客观冷静，找出所有的问题以及问题的关键。千万不要低估问题的严重性，否则你提出的方案就可能解决不了问题。你要坚持"战略上藐视敌人，战术上重视敌人"的原则，不管面对任何困难和问题，哪怕是看起来很小的困难、很容易解决的问题，也要认真对待，不能掉以轻心。

2. 做出最大的努力

即使复盘再有效、结果再准确、措施再有力，如果你不去落实，也无法改变自己的处境，克服眼前的困难。一旦确立了努力的方向，你就要把精力全部集中在"怎样去做到"而不是"为什么做不到"上。尽最大努力做事是一种积极的态度，它能够帮助你克服困难，取得更好的结果。

当然，欲速则不达，不要企图一下子解决所有的问题。你可以按照问题对结果的重要程度依次去解决它们，每一次成功的体验都会增强你的信心和力量。

3. 下定决心坚持到底

问题越是棘手，越要努力解决。过早地放弃努力，只会让你丧失信心。当你面对困难时，只有坚持下去，加倍努力和加快前进的步伐，才有可能战胜困难，把事情办成。

4. 必要时学会放弃

这是一条容易被忽视的原则，然而它对于你减少不必要的挫折是非常重要的。

记者问一位企业家，他成功的秘诀是什么。他毫不犹豫地回答："第一是坚持，第二是坚持，第三还是坚持。"记者点点头。没想到企业家又说了一句："第四是放弃。"

放弃？作为一位成功的企业家怎么可以轻言放弃？"该放弃的时候就要放弃，"这位企业家说，"如果你已经尽力了，却还不成功的话，那就不是你是否努力的问题，而是你努力的方向是否正确以及你的才能是否匹配的问题。这时候最明智的选择就是赶快放弃，及时调整，寻找新的努力方向，千万不要在一棵树上吊死。"

如果经过复盘，你发现自己定的目标太高，无论如何都找不到解决问题的办法，那么你就要考虑调整目标。在进行可靠的复盘后认定取胜无望的情况下，不做徒劳的冒险和无谓的牺牲，这不是懦弱，而是明智。

不断开拓富有创造性的方法

《孟子》中有这样的名言："故天将降大任于是人也，必先苦其心志，劳其筋骨，饿其体肤，空乏其身，行拂乱其所为，所以动心忍性，曾益其所不能。"

一个人无论是要赚钱还是要成才，抑或是要成就大事，心理上的锤炼、磨炼是必不可少的。因此，孟子将"苦其心志"放在"劳其筋骨"前面。正应了一句俗话："吃得苦中苦，方为人上人。"

谁都会遇到挫折和失败，老板也不例外。在失败面前，有的人总能找出各种各样的理由或借口，以掩饰自己的懦弱、错误和无能。所以，平时你可能会听到类似的声音：

- "现在还不具备做这件事的条件，把这项任务交给我更是错误的。"
- "大家都有错,怎么能只怪我呢?"
- "这个客户太难沟通了,我没办法。"
- "客观条件就是这样,换成别人,也会和我一样失败,甚至比我更狼狈。"

表面看来,这些说法似乎有道理。可是仔细想想,这些话好像都缺少一些内容,即没有描述是怎么尝试、怎么努力的。

小黄是一家建筑材料公司的业务员。因为建筑行业经济不景气,公司最大的问题是资金回笼困难。公司的产品不错,销路也还行,但产品销出去后,总是很难及时收到货款。

一位客户买了公司 100 万元的产品,但总是以各种理由迟迟不肯付款,公司派了三批人去催账,都空手而归。

小黄进入公司不久,就被派去催账。其他同事都不愿意去,认为去也是白跑一趟,根本收不回账款。

小黄软磨硬泡,客户百般推托。僵持到下午一点,客户说自己急着外出办事,让小黄过两天再来。因为第二天就要放国庆长假了,小黄不想这样放弃,就坚持说:"我可以先陪您去办事,回来咱们再接着谈付款的事。"

客户和会计小声嘀咕了一会儿,最后,不情愿地给小黄开了一张 100 万元的支票。

小黄高兴地拿着支票到银行办理转账,结果却被告知,账上只有 999 820 元。

很明显，对方耍了个小花招，给小黄开的是一张无法兑现的支票。

第二天就要放假了，如果不及时拿到钱，自己不仅这一天白费了，节后还要硬着头皮来找客户换支票，说不定对方还会给他设置其他障碍。

遇到这种情况，一般人可能会感到一筹莫展，只能无功而返。这样做也不是没有理由的，对方耍赖，自己又有什么办法呢？

小黄却不想这样轻易认输和放弃。他坐在银行里，思索了一阵。突然，他灵机一动，用自己的手机向客户的账号里转了180元。这样，支票对应的账户里就有了100万元，他就可以从银行兑换支票了。

就这样，小黄把100万元转到自己公司的账上。董事长对小黄大加赞赏，并决定重点培养他。五年后，小黄当上了公司的副总经理。

每个人都会遇到困难和挫折，如果选择退缩和放弃，他可以找来很多为自己的失败辩解的借口。实际上，成功的办法只有一个：为达成目标不懈地尝试和努力。

人们经常说工作要巧干，其实就是强调工作方法的重要性。在大多数情况下，失败可能是因为我们没用对方法。积极地寻找科学的方法，才是正确的选择、正确的做法。

方法，是过河的桥、摆渡的船、探索的路、发明的钥匙。无论是认识事物，还是解决问题，都离不开方法。弗朗西斯·培根说:"没有一个正确的方法,就如在黑夜中摸索行走。"巴甫洛夫指出:"好的方法将为人们展开更广阔的图景,使人们认识更深层次的规律,从而更有效地改造世界。"

世界上有没有一种万能的方法?没有。世界上有无限多样的事物,构成了人们的认识和行为对象。它们具有各种各样的性质,发生着各种各样的变化。因此,方法也是多种多样的。

在解决某一问题的众多方法中,总是有一个最佳方法。方法不同,效果也有所不同。采取最佳方法,往往费时少、功效大,能取得最优效果。最佳方法,是一条通向成功的康庄大道。

什么样的方法是最佳方法呢?首先,最佳方法具有很大的适用性,是适合有效解决某个问题的方法,并且简便易行;其次,最佳方法具有先进性,即具有效率高、收效快的特点;最后,最佳方法具有创造性,可以使工作出现飞跃性突破。你应该通过多复盘,进行深入思考,努力打破惯性思维,不断寻找富有创造性的方法。

那么,怎样寻找最佳方法呢?

1. 深入研究,把握本质

不知道问题的关键,谁也无法找出解决之道。人们常常被问题所困,无法透过现象看到本质。只有找到问题的关键,确定解决问题的方法,才能确定行动的方向。

你要努力对事物的本质进行探究和分析。只有对事物的本质有深入的了解,你才能从更深层次上把握事物。

以病毒为例,病毒是一种微生物,寄生在宿主的细胞内,从而侵害宿主。然而，除了表面上的特点，你还需要了解病毒的基本属性和特性，比如病毒的传播方式、感染范围、对人体的危害等。只有深入了解了病毒的本质，你才能更好地防范和治疗疾病。

不同的问题需要用不同的方法去解决。你要善于找出事物的特殊性，对事物的特殊性认识得越深刻，你就能越快找到最佳方法。

2. 善于移植和综合

移植和综合常常是产生最佳方法的有效途径。一种学科的经验、方法，对于另一学科往往有借鉴意义。经过一定改造后，它可以成为一种很好的方法。李斯特（Joseph Lister）创立的外科消毒法，就得益于巴斯德（Louis Pasteur）证明微生物不能自生的肉汤实验。他从肉汤腐败和伤口腐败之间的相似性，找到了伤口感染的原因，从高温杀菌法找到了化学杀菌法。综合也是一种产生最佳方法的重要途径。日本的炼钢新技术就综合了奥地利、美国、瑞典、德国的六种炼钢技术，从而成为一种更加先进的技术。

3. 善于运用辩证思维

你想要正确地观察、分析事物，一定要具有辩证分析问题的能力。如果没有丰富的知识作基础，你就没有办法掌握这种辩证分析问题的能力。有了丰富的知识，掌握了辩证分析问题的能力，你就可以避免对事物有一种绝对化的看法。绝对化的思想是人类容易掉入的思想陷阱。当一个事物摆在面前时，你本来可做两三种解释，而你只做一种解释，这就是思想绝对化的表现。

任何方法都是思维的结果,最佳方法都是辩证思维的结果。最佳方法不是现成的,它需要你运用辩证思维来获得。比如,你知道根据弦的长短来定音,但你不一定能拉出好听的乐曲。最佳方法不是一次就能获得的,它需要你不断地根据实际情况进行探索。此外,最佳方法也不是一成不变的。万事万物都在变,认识事物和改造事物的方法也得变。今天适用的方法,明天不一定还适用。

4. 注重知识的积累

有意识地学习广泛的知识,有助于提高一个人的工作能力。以医生做手术为例,从表面上看,医生只是用手术刀割开病人的身体,而实际上做手术需要用到他积累的全部知识。我们在处理很多事情时都不是凭一种知识,而是综合运用了多种知识。若只凭一种知识来处理事情,就会有所不及。为了更有效地解决问题、完成各项工作:一方面,你要不断提高思想水平;另一方面,你要关注各方面的信息,平时要注意知识的积累。

5. 时刻想着问题

当研究的问题已见端倪时,探究者的心里往往会有一种感受,犹如回忆某件往事,有所印象,但不十分清晰,跃跃欲试,却还说不出来。这时,环绕在头脑中的问题,挥之不去,聚而不散,即使你在散步、钓鱼、听音乐、赏花或与人交谈时,它依旧在你的脑海里。恰如作家锁眉托颔,集中构思,万念归一。此时,往往在出其不意间,或由于某一原型的启发,或由于某种无意识的联想,他们的探究水平就会被提到一个新高度。世界著名科学家凯库勒（Friedrich Kekule）试图为苯分子找出一个结构式，然而一直未能成功。一天晚上，经过一阵冥思苦想，凯库勒打起了瞌睡，他梦见一条蛇咬着自己的尾巴在旋转。刹那间，他受到了启发，终于研究出用一个六角形的环状结构式来表示苯分子。

只要善于用脑、勤于思索，你就能想出更多的方法，更有效地解决问题。

为自己赢得更多的机会

一家攀岩俱乐部计划招聘两位工作人员，进入终面的是五男一女六位应聘者。他们被分别领进六个单间，每个单间里都放着已牢牢地绾结在一起的两条尼龙绳。主考人员宣布：谁先解开绳结，也就是说，谁先将两条绳子分开，谁就可以进入老板的办公室，接受老板的面试。但时间只有 30 分钟，超过时间仍不能解开绳结者，将不再具有面试资格。

最后，只有一男一女坐在了老板的面前。其他四位男性，其中两位在时间过了 15 分钟时就走了；另两位，直到时间结束，也没有解开绳结。

老板已拿出用工合同，时间一到就签约。原来，那位女性不到 5 分钟就走出单间，向主考人员借了一个打火机，将那个非常牢固的绳结果断地烧化了；那位男性，刚过 10 分钟也走出单间，他向主考人员借了一把剪刀，当机立断地将那个怎么也解不开的绳结剪开了……

第五章 改变对失败的看法

或许其他四个人认为这道考题的用意是检验应聘者的手劲或耐心。其实不然。事后，老板的一番话道破了解绳试题的内在玄机。他说："一个人能不能胜任某项工作，或者说能不能完成某项任务，往往不在于他的体能和智力，而在于他能不能创造性地进入角色，果断地走向成功。"

原来，两位应聘成功的年轻人都喜欢读书，善于思考，他们都读过"格尔迪奥斯绳结"的故事。

供奉着天空之神宙斯的神殿中摆放着一辆古老的战车。这辆战车上有一个当时十分著名的"格尔迪奥斯绳结"。根据传说，解开绳结的人将成为亚洲的统治者。

亚历山大造访了这座神殿。经过一番努力，他发现无论如何都无法解开绳结。于是，他拔出宝剑，一剑就将绳结砍为两段。

在人们震惊和质疑的声音中，亚历山大说道："命运不是靠传说决定的，而是靠自己的剑去开创的。"对他来说，他的剑就是打开世界之门的钥匙。后来，他果然成了一代帝王。

采取果断的行动，也是有效解决问题的一大原则。如果你拥有果决的性格，往往就能在生活中把握更多的机会。

美国加利福尼亚大学在一份分析了3000多名失败者的报告中得出结论：在30多种常见的失败原因中，优柔寡断占据榜首。

一家世界著名的管理公司曾经对颇有管理成效的37家公司进行了一番调查。结果表明，获得成功有八个关键条件，其中最重要的一条就是：行动要果断，办事要有魄力。把握更多的机会，从而获得成功，需要有果断的判断和决策力，即"该出手时就出手"。

通过阅读名人传记、对诸多领域成功者的人生经历进行复盘，你不难发现，一个人的竞争力如何，往往就看其是否善于抓住迎面而来的机会。善抓机会是非常重要的，这是取得事业成功必不可少的因素。

是否善于把握机会，是一个人一生事业成败的关键。没有机会，才华横溢的人也未必能够登上成功之巅。因失掉千载难逢的机会而遗憾终生的人并不少见。善于抓住机会，是伟大人物成功的奥秘。通过研究他们的经历、总结他们的经验、借鉴他们的理念和做法，你也可以为自己赢得更多的机会，进而开创更加美好的人生。

1. 认识机会

在生活中，到处都有机会：运动场上，抓住机会，则金牌垂胸；疆场对阵时，抓住机会，则赢得胜利；科技竞赛中，抓住机会，则独占鳌头。

比尔·盖茨告诉自己的员工："只要你善于观察，你的周围到处都存在着机会，问题在于你能否发现每一次机会。"

年轻的洛克菲勒在刚进入石油公司工作时，由于学历不高，又没有什么技术，因此被分派去巡视并确认石油罐有没有被自动焊接好。这是石油公司中最简单的工作，虽简单却枯燥。

可是洛克菲勒没有掉以轻心，他总是非常认真地检查石油罐的焊接质量。

当时,公司正在推行节约计划,洛克菲勒想:我这项工作是不是也可以节约一些成本呢?于是,他开始采用复盘的办法进行思考,以期在改进工作流程方面有所突破。

经过仔细观察,洛克菲勒发现每焊好一个石油罐,需要39滴焊接剂,而经过周密的计算,理论上只需要37滴就可以焊好。

但是,用37滴的方法在实践中却行不通,无法把石油罐焊好。

洛克菲勒没有灰心,他更加深入地进行分析研究。经过试验,他终于研制出"38滴型"焊接机。仅此一项,每年就可为公司节省上百万美元的开支。这也成为改变洛克菲勒一生的机会。

事实上,这个世界从来就不缺少机会,关键在于你是否拥有发现机会的敏锐眼睛和把握机遇的睿智心灵。

巴尔扎克说:"人们若是一心一意地做某件事,总会碰到偶然的机会。"这句话应该怎么理解?只要一心一意地做某件事,就会在机会降临的时候占据天然优势。"总会碰到"和"偶然机会"相结合,就会产生必然的结果。

人是时代的产儿,但是在同一时代、同一条件下,不同的人发挥的作用有时会有天壤之别。只有不失时机地认识和利用这种历史条件,一个人才能取得成功。

2. 看准机会

看准机会是成功的真谛。曾有人问著名演员查尔斯·科伯恩(Charles Coburn):"一个人如果想要在生活中获得成功,需要的是什么？是头脑、精力，还是知识？"

查尔斯摇摇头："这些东西都可以帮助你取得成功，但是我觉得有一件事更为重要，那就是看准机会。"

30多年前，夏先生在山城重庆经营着一家小型五金杂货店。某一天，他突然发现来买水管接头的人多了起来。他觉得很奇怪，这些人买这么多水管接头干什么？后来一打听才知道，原来是一些先富起来的山城人为了自身和家庭财产的安全，开始加固家里的门窗。他们买水管接头，是为了将它们焊接起来做成铁门防盗。那时候还没有防盗门的概念。

夏先生发现这个需求后，立即意识到机会来了。他马上租了一个废置的防空洞，买来相应的工具干了起来。只用了一个多星期，他就做了20多扇"铁棍门"，赚了一笔钱。后来，"美心防盗门"出现了。它与盼盼防盗门一起，成为中国防盗门行业响当当的品牌。

只有看准机会，在恰当的时间去做合适的事情，才有可能获得成功。看准机会不是一件容易的事，它需要你善于思考，有长远的眼光，以及长期在复盘的过程中进行历练。

3. 寻找机会

在如今竞争激烈的社会环境中，积极主动地寻找机会已经成为成功的关键因素之一。积极主动地寻找机会能够促使你不断提升自己，拓展职业发展空间，实现个人价值。然而，许多人却陷入了等待机会到来的思维误区，缺乏行动力。比如，在求职的过程中，一些同学只是被动地等待——老师和家长的介绍，企业发布招聘信息，社会举办大型招聘会，用人单位来学校招聘等，而不是主动出击，去寻找和争取更多的就业机会。

另一些同学则会主动寻找招聘信息和职业发展机会。他们不局限于线上招聘网站和社交媒体平台，会通过向亲友、老师、导师等咨询，拓宽求职信息渠道。他们还会通过邮件直接发送简历给用人单位，主动联系其人力资源部门负责人，并邀约面试。

如果面试失败，他们会进行认真的复盘，从而查找问题，反思不足，拟定改进办法。在了解岗位职责的前提下，他们还会有针对性地进行技能的提升，主动学习，从而提高自己的职场竞争力。

在生活中，为了寻找更多的机会，你要注重人脉和社交。很多时候，机会来自我们周围的人和事。通过与人交往，你可以结识更多的人，获得更多的资源和信息，从而更容易发现和抓住机会。

4.把握机会

在农业生产中，人们会依据农时变换而劳作，春种夏长，秋收冬藏。错过了农时，就会徒劳无功。大雁每年秋天都会成群结队地往南飞，跟不上队伍的，不是会被饿死就是会被冻死。由此可见，把握机会是非常重要的。

当机会出现在你面前时，你要善于把握它。机会往往是短暂的，你要敏锐地察觉到机会的到来，并迅速采取行动。如果等待时机成熟再行动，你可能永远无法行动。只要问题一出现，你就要将其解决；只要一发现机会的苗头，你就要赶快抓住。

高手复盘

世界上最可悲的一句话莫过于："曾经有一个非常好的机会，可惜我没有牢牢抓住。"那些成功人士都知道如何把握机会，避免这类遗憾。

英国科学家弗莱明（Alexander Fleming）花了几年时间专心研究对付葡萄球菌的办法，但始终一无所获。后来有一次，他偶然看到一只培养葡萄球菌的碟子生了霉，长出了青绿色的霉斑，他通过进一步观察研究，最终发现了青霉素。

法国著名微生物学家巴斯德指出："在观察的领域里，机遇只偏爱那种有准备的头脑。"试想，如果弗莱明不是一位细菌学专家，或者他对葡萄球菌没有进行数年的研究，抑或是他粗心大意，把发了霉的培养液随手倒掉了，那么他还能成为青霉素的发现者吗？

所以，只有积极地行动起来，不怕吃苦，并且要有一定的决断力和勇气，敢于冒险，走出舒适区，你才能抓住机会，更好地实现自己的目标。

5. 创造机会

居里夫人说："弱者等候机会，而强者创造机会。"

亚历山大在攻占了敌人的一座城市之后，有人问他："假使有机会，你想不想攻占第二座城市？"

"什么？"他怒吼道，"我不需要机会！我可以制造机会！"

"没有机会"是失败者的遁词。如果你问一个人失败的原因，他可能会告诉你："我之所以失败，是因为得不到像别人那样好的机会，没有人帮助我，没有人提拔我。"他也可能会对你说：

"好的职位满额了,高级的职位被霸占了,所有的好机会都已被他人捷足先登,所以我毫无机会。"

没有机会可以创造机会。创造机会,是获得机会的有效方法。

一个人要抓住机会,首先要认识到机会对于事业、人生的重要性,然后通过复盘,多研究机会的特点、出现的方式、成功人士的做法,积极地追求机会,争取机会。记住:伟大的胜利和功绩,永远属于那些具有奋斗精神的人,而不属于那些一味等待机会的人。

◉ 相信一切事物皆有规则

罗素说:"只有拥有英明远见的人,才有可能成就伟大的事业。"换句话说,你能看多远,你就能走多远。

1865年,美国南北战争宣告结束,北方工业资产阶级战胜了南方种植园主,林肯总统被刺身亡。全美国处于矛盾之中,既为统一了美国的胜利而欢欣鼓舞,又为失去了一位可敬的总统而无限悲恸。

当时的安德鲁·卡内基却看到了另一面。他预料到,战争结束之后,经济必然会很快复苏,经济建设对于钢铁的需求量便会与日俱增。于是,他义无反顾地辞去报酬优厚的铁路部门的工作,合并了由他主持的两大钢铁公司——都市钢铁公司和独眼巨人钢铁公司,创立了联合制铁公司。

就在这个时候，美国夺取了加利福尼亚州，并决定在那里修建一条铁路。同时，美国也在规划修建横贯北美大陆的铁路。

美国联邦政府与议会首先批准了修建联合太平洋铁路的计划，然后以它为中心线，核准修建另外三条横贯北美大陆的铁路。于是，纵横交错的各种相连的铁路建设申请方案纷纷被提出，总长度竟达数十万千米，北美大陆的铁路革命时代即将来临。

卡内基马上意识到：北美大陆已进入铁路时代、钢铁时代，需要修建铁路，制造火车头、钢轨，所以钢铁生意是一本万利的。

不久，卡内基向钢铁领域发起进攻。他买下了英国道兹工程师"兄弟钢铁制造"专利，又买下了"焦炭洗涤还原法"专利。事实很快证明，他的这一做法非常有先见之明。否则，卡内基的钢铁事业就会在不久的经济大萧条中成为牺牲品。

1873年，经济大萧条后的境况不期而至。银行倒闭、证券交易所关门，各地的铁路工程支付款突然中断，现场施工戛然而止，铁矿厂及煤厂相继歇业，匹兹堡的炉火也熄灭了。

别人看到的是危机，卡内基却能从中发现机会，他想：只有在经济萧条的年代，才能以便宜的价格买到钢铁厂的建材，工人的工资也会相应低些。其他钢铁公司相继倒闭，向钢铁行业挑战的美国东、西部企业家也已鸣金收兵，这是千载难逢的好机会。

于是，在经济最困难的情况下，卡内基却反常人之道，打算建造一座钢铁制造厂。他征得了股东们的同意，开始全面进军钢铁制造业。

第五章　改变对失败的看法

1875年9月6日,卡内基收到第一笔订单——2000根钢轨,熔炉点燃了。每吨钢轨的成本比预计的价格便宜很多,卡内基为此兴奋不已。

1881年,卡内基以自己的三家制铁企业为主体,联合许多小焦炭公司,成立了卡内基公司。他的事业也有了更长远的发展方向。正是凭借独特的眼光和过人的胆识,卡内基突破传统思维的局限,走出了一条属于自己的阳光大道。

"没有好的眼睛看不清楚,没有远见成不了大事",成大事者往往是那些有远见的人。

没有远见的人只看得到眼前的、摸得着的、手边的东西,而有远见的人心中则装着整个世界。远见与人的职业、身份、地位无关。世界上最穷的人并非身无分文者,而是没有远见的人。有人曾说过:"远见告诉你可能会得到什么东西。远见召唤你去行动。心中有了一幅宏图,你就可以从一个成就走向另一个成就,把身边的物质条件作为跳板,跳向更高、更好、更令人快慰的境界。这样,你就拥有了无可衡量的永恒价值。"远见可以为你打开不可思议的机会之门。人越有远见,就越有潜能,越能成事。

爱默生说:"只有肤浅的人才相信运气。坚强的人相信凡事有果必有因,一切事物皆有规则。"春天播种了,秋天才能收获,这比坐等好运从天而降可靠多了。

曾经担任英国航空部部长的比弗布鲁克(Beaverbrook)也认为努力才是最可靠的。他说:"我常警告追求成功的人,不要依赖运气,没有任何想法比依赖运气更愚蠢、更不切实际。这个世界依循因果关系在运作,运气可以说是不存在的。有时你以为某人成功得很侥幸,但他为成功付出的代价岂是你能体会的?"

许多好运是由勤勉和正确的判断形成的。运气不好,往往是不够努力或观察力不强的结果。从商和从政的人往往奇招百出,让人目不暇接。然而,他们私底下下了多少功夫,一般人并不了解。商业人士推出一款畅销产品,事前需要进行极其周密的市场调研,其成功绝非偶然;政治人物提出一个新政,也要进行长时间的明察暗访,才能满足民众的诉求。

很多人在成功时总是谦逊地说:"运气真好。"事实上,经验与判断力才是他们的利器。也就是说,把握更多机会的预见力,是可以通过自身的努力去培养和提高的。要把自己的梦想变为现实,你需要付出努力,制定一套实现梦想的战略。以下是一些指导原则。

1. 具有一定远见

如果你想成功,就必须具有一定的远见。远见通常指的是一种能够超越当下、预见未来发展趋势和潜在机会或问题的能力。远见必须以你的才能、梦想、希望和激情为基础。远见是了不起的能力,它能产生积极的影响,特别是当它与你的目标不谋而合时。为了使远见符合你的目标,你可以采用复盘的方法,对其进行反复评估和调整。

2. 考察现时生活

将自己的梦想变成现实不是一蹴而就的事,这是一个过程,跟一次旅行十分相似。在决定旅行之后,你首先要做的就是确定出发点。没有出发点，你就不可能规划旅行路线和目的地。你的现时生活就是你的出发点。

考察现时生活还有一个目的，就是规划行程，估计自己旅行的"费用"。通常来说，你离自己的梦想越远，所花的时间就越多，代价就越大。

为了准确考察和了解你现在的生活，复盘的方法是最简单有效的。

3. 为大梦想放弃小选择

实现梦想是有代价的。为了实现你的梦想，你需要做出一定的牺牲。一旦涉及其他选择，你就必须有所取舍。你不可能一面追求自己的梦想，一面保留着其他种种选择。这种情形很像一个人站在岔路口，面对几条不同的道路。他可以选择其中一条到达目的地，也可以一条也不选。也许有人认为有多种选择是好事，可以提供不同的机会。但是想取得成功的人必须放弃种种小选择，以追求大的梦想，也就是那个最富有远见的梦想。

4. 寻找实现梦想的每条可能的路径

为了实现梦想，你必须不停地寻找一切对你有帮助的人和物。你要乐于尝试新事物，到处寻找好主意，并且善于观察。你要全神贯注于你的梦想，但对于走哪条路才能实现梦想，则应抱灵活的态度。实现梦想要有创新精神。如果你对新观念关上大门，就不可能有所创造。

5. 炼就一双善于观察的慧眼

预见力是一种很重要的能力，指的是预先洞察或判断未来事物发展的趋势以及可能的结果的能力。

在你周围有许多需要有预见力的事情。预见力不是只属于专业人员、行家里手的特权，它与每个人都密切相关。预见力就在你身边。

预见力包括分析、推理两大要素。如果分析和推理的能力得到提高，那么预见力就能增强。提高分析和推理能力的方法之一就是察言观色，也就是对人进行观察。

察言观色就是根据人的视线或者姿势，分析其心理状态，推断其行动。察言观色对提高预见力来说是很好的锻炼方法之一。

6. 寻找事物之间的共同性和差异性

发挥预见力不仅需要观察人，还需要观察一切事物的基本点，寻找它们的共同性和差异性。这也是对信息进行分门别类的能力。你在平时观察事物时，需要注意以下四点：

- 事态在不断变化，意识到这一点很重要。
- 从人们认为互不相干的领域中找出共同点。
- 从人们认为相同的领域中找出差异性。
- 从异常情况中发现规律。

7. 用乘法思考问题

为了提高预见力，多方面收集信息是非常重要的。你可以在得到新的信息时，将其与手中现有的信息放在一起，然后进行由此及彼的分析和推理，这是一种有益的训练。

手中现有的信息 × 新得到的信息 = 乘法思考法

这是乘法思考法的公式。这个公式的大前提是，你要建立一个符合自己情况的信息网络，即你要有自己的观点和对未来的预见能力。

8. 从别人的意见中受到启发

仅靠自己一个人，再怎么观察事物、收集信息，也不可能每次都发挥出很好的预见力。许多时候别人的意见可以起到很大的作用。

性格不同、专业不同的朋友对事物的看法和想法不同，分析问题的角度也不同。与性格不同、专业不同的朋友聊聊天，你可能会受到很大的启发。

9. 经常复盘，充分利用过去失败的教训

成功的背后可能有许多失败作为支撑，你要做到"胜不骄，败不馁"。你要坚持经常复盘，从而回顾过去，展望未来，不要因为一两次失败就想要放弃。可以说，不甘失败，振奋精神，坚持思考分析，多方总结经验，积累失败的教训，这些都是你为把梦想变为现实所付出的努力。

第六章

重塑对生活的态度

我们要端正态度，积极地面对生活中的不愉快。本杰明·富兰克林说："我们的一生有太多地方可以去关注，随便你怎么去看待，但为何偏偏有那么多人只看到消极而无法控制的那一面呢？"在复盘的时候，我们要多回忆和关注生活中那些随处可见的美好和快乐，逐渐使自己变得乐观、豁达。无论在什么时候，我们都要去感知光明、美好和快乐。

高手复盘

我们在生活中该追求些什么

一位颇有名气的心理学老师,在给学生上课时拿出一只十分精美的咖啡杯。当学生们正在赞美这只杯子独特的造型时,老师故意失手,使咖啡杯掉在水泥地上成了碎片。这时,学生们不断发出惋惜声。老师指着咖啡杯的碎片说:"你们一定对这只杯子感到惋惜,可是这种惋惜无法使咖啡杯恢复原形。今后,你们在生活中发生了无法挽回的事时,请记住这只破碎的咖啡杯。"凡事以乐观的心态去面对,你会惊讶地发现,无论多么大的困难都不可怕,世界原来那么美好,你的生活处处充满了阳光。

《如何利用潜意识》一书的作者墨菲博士,曾在爱尔兰西海岸康尼玛拉地区的一位农夫家里住了一个星期。这位农夫似乎时时刻刻都在唱歌、吹口哨,并且充满幽默感。

墨菲博士问农夫:"你的快乐秘诀究竟是什么?"

农夫回答说:"快快乐乐,这就是我的习惯。我在每天早晨醒来之后,以及在每晚就寝之前,都要祝福我的家人、农作物和牛具。"

墨菲博士还举过一位"生活悲哀"的老妇人的例子。这是一位患有多年风湿病的老妇人。她经常拍着自己的膝盖说:"我的风湿病今天严重得令我不能出门,它让我过着悲惨的生活。"

这位老妇人因此得到她儿子、女儿及邻居的细心照顾。她喜欢她自己所谓的"悲哀"。这位老妇人其实并不真正想要获得幸福快乐,也许她觉得自己更需要她的风湿病。

如果希望拥有幸福快乐,你就必须真诚地渴望获得幸福快乐。有些人因为悲伤、失望太久了,对于应该感到高兴的突如其来的喜讯,他们的反应会像那位老妇人对墨菲说的一样:"这样快乐是不对的。"他们已经习惯于往日的忧郁与悲伤,反而不习惯于拥有幸福与快乐的心情。他们所渴望的是以前那些沮丧、悲伤及不愉快的心境。

舒畅的心情是自己营造的,不是别人给予的;舒畅的心情是自己创造的,不是别人施舍的。如果自己的心情完全掌握在别人的手里,没有人会感到真正的幸福。你的心情由你做主。就像庸人自扰一样,快乐也是"自找"的。

曾经有一本畅销书叫作《什么是生命的价值》,已重印几十次。为什么一本薄薄的小书竟然如此畅销呢?

除了书名发人深省,书的内容也是非常耐人寻味的。书的开头几句话就很扣人心弦:"人只能活一次,谁都想活得充实,尽量体验享受。但怎样才能以毕生的精力换取最大的成果呢?什么是生命的价值呢?这些都是我们每天应该自问的问题。"

"我们不可能把生命中的一切都握住不放,"作者写道,"哪些是至关紧要的?哪些是抛弃了反而好的?"

作者认为,凡是不能使你感到幸福和快乐的,你都可以舍弃。作者就是以这把"宝尺"衡量一切,从而决定取舍的。她认为,假如你不想在生活中过得太累、太郁闷,至少需要把握以下四点：

一是不虚假，不欺骗。弄虚作假会使一个人失去内心的平静，甚至寝食难安。

二是不忧虑，少担心。忧虑其实是精神近视的表现，有些时候是在瞎担心，把简单的事想得太复杂了。

三是不牢骚满腹。不管境遇怎么样，都要去理解生活，理解别人，学会自我反省，主动去寻找积极快乐的因素。

四是不自私，不贪婪。要知足常乐，学会合作和分享。

那么，我们在一生中应该恪守、维护、追求些什么呢？或者说，我们怎样才能提高生命的价值呢？在生活中，你会感觉到烦恼和疲惫吗？你过去是用什么办法消除烦恼和疲惫的？你还能想出其他更好的办法吗？

法国哲学家伏尔泰说过："使人疲惫的不是远方的高山，而是鞋里的一粒沙子。"没有人喜欢提着重物走路，却有不少人喜欢带着烦恼生活。

有一位中年人，他在家庭、事业上都有一定的基础，但是总会生出无端的烦恼，最后不得不求助于一位心灵导师。

心灵导师听完他的陈述，给了他四个信封，并对他说："你明天 9 点钟以前，独自到海边去，不要带报纸杂志，也不要带手机。到了海边，分别在上午 9 点，中午 12 点，下午 3 点、5 点，依序打开信封。"

中年人将信将疑，但还是依照心灵导师的嘱咐来到了海边。他看到晨曦中的大海，心灵为之一震，心情也变得开朗了。

第六章 重塑对生活的态度

上午9点，他打开第一个信封，里面的字条上写着"谛听"二字。于是他坐下来，倾听风的声音、海浪的声音。他感觉到自己的心跳与大自然的节奏是那么的协调，自己的内心很久没有这么安静了。他感觉自己的身心仿佛得到了净化，十分舒爽。

中午12点，他打开第二个信封，里面的字条上写着"回忆"二字。他开始从谛听外界的声音转回来，回想童年时代的无忧、青年时代的艰辛、父母的慈爱、朋友的情谊，生命的力量与热情又重新燃烧起来。

下午3点，他打开第三个信封，里面的字条上写着"检讨你的动机"。他记得早年创业时，自己怀有远大的理想。为了追求理想，他热诚地工作着。等到事业有成了，他却全然忘记了当初的信念，只顾着赚钱，失去了经营事业的喜悦；过于强调自我，不再关心别人的冷暖。想到这里，他已深有领悟。

下午5点，他打开最后一个信封，里面的字条上写着"把烦恼写在沙滩上"。他走到海边的沙滩，写下了他的烦恼。一波海浪立即淹没了它们，被海水洗过的沙滩一片平坦。他愣住了。

通过一系列对生活的复盘，这位中年人终于悟出了生命的意义。在回家的路上，他恢复了活力，烦恼消失得无影无踪。

读了这位中年人的故事，你受到了什么启发？你对生命的意义有更深刻的认识了吗？

找一段空闲的时间，找一个不受别人打扰的地方，放下你的手机，借鉴这位中年人的做法，对自己的生活进行一次全面的复盘。你觉得自己能经常感受到幸福吗？你经常会感到悲哀吗？

> 高手复盘

你觉得自己明了生命的价值吗?你觉得自己的生活态度端正吗?你觉得自己有哪些需要改进的地方?你打算怎样去改变?

◉ 利用有意识的动作改变心情

美国杰出的企业家、作家和演说家奥格·曼狄诺(Auger Mandinuo)出版过一部震撼世界的奇书:《世界上最伟大的推销员》(The Greatest Salesman in the World)。这本书获得了相当多的赞誉,"最鼓舞士气、振奋人心、激励斗志的一本书。""一本最值得一读、最有建设性、最有实用价值的书,它可以作为指导推销工作的最佳范本。"有人指出,"这是一本应该随身携带的好书,你可以将其置于床侧、放在客厅里。你可以浅尝,也可以深品。它是一本值得一读再读的书,历久弥新,像一位良师益友,可以在道德上、精神上、行为准则上指导你,给你安慰,给你鼓舞,是你立于不败之地的力量源泉。""这本书堪称集大成者。遵循其中原则行事的人,不可能遭遇失败;无视这些原则的人,不可能成就大事业。"

那么,奥格·曼狄诺是一个怎样的人呢?他为什么能够写出如此具有影响力、精妙绝伦的作品呢?

1924年出生在美国东部的一个平民家庭的曼狄诺,在28岁以前还是比较幸运的。走出校门之后,他迅速地找到了工作,并成了家。但是,由于没有很好地把握生活,他逐渐偏离了正确的轨道,最终失去工作和财产,妻子也离开了他。失落的他在苦闷中徘徊。

一天，他偶遇了一位牧师。在教诲和鼓励了曼狄诺一番之后，牧师给他一张列了 12 本书的清单，包括《最伟大的力量》《富兰克林自传》《从失败到成功的销售经验》《思考与致富》《神奇的情感力量》等。

牧师建议他研读这些书，研究书中的案例及其经验教训，同时复盘自己的人生，看看自己该做出什么改变，想做出什么改变，能做出什么改变。

从此，曼狄诺开始仔细阅读这些书籍，并结合它们来复盘自己的人生，树立了新的人生态度——用爱来面对世界，重新开始新的生活，并且决定现在就付诸行动。

通过读书和复盘，曼狄诺对人生有了全新的认识，形成了很多从不同角度着手、重塑生活态度的具体理论和方案。比如，在"学会控制情绪"方面，他写道：

每当我被悲伤、自怜、失败的情绪包围时，我就这样与之对抗——

沮丧时　我引吭高歌。

悲伤时　我开怀大笑。

病痛时　我加倍工作。

恐惧时　我勇往直前。

自卑时　我换上新装。

不安时　我提高嗓音。

203

高手复盘

穷困潦倒时 我想象未来的富有。
力不从心时 我回想过去的成功。
自轻自贱时 我想想自己的目标。

曼狄诺非常喜欢这样一个案例。

一位心理学家在一次训练课上问他的学员:"如果你吃下一大碗蟑螂,就能赢得1万美元奖金,你是否会一试呢?"

不用说,绝大多数人都不敢一试。因为在他们的内心体验里,蟑螂是很恶心的,所以他们从来没想过要去吃它。

然而,当心理学家把奖金提高到10万美元时,课堂上有些骚动了,有极少数人举起了他们的手。先前他们根本就不考虑,何以此时又决定要为10万美元奖金一试了呢?是他们的思考系统出了什么毛病吗?当然不是。他们认为值得为10万美元奖金一试,因为有了这笔钱他们就可以解决不少问题。相比于10万美元,一时的痛苦是可以忍受的。

如果把奖金提高到100万美元,可能会有更多的人举手。为了100万美元,吃下一碗蟑螂这点小小的痛苦算得了什么?当然,不管把钱怎么往上加,还是有人不愿一试。他们会说,"我吃不下活生生的东西",或者"我受不了它们在我胃里爬来爬去"。

有一位学员的答案很特别。他说吃蟑螂实在是再容易不过了,可是他并不是为了钱,而是为了好玩。他来自某个国家,在他的国家,蟑螂和某些昆虫是被视为美味的。因此,对他来说,吃上一碗蟑螂并不是一件难事。

第六章 重塑对生活的态度

不同的人有不同的认识体验，而且可以随着外部条件的改变而改变，这很有趣是不是？人类之所以不同于其他生物，是因为人类具有极强的改造能力，可以把任何东西或想法转换或改变成能让自己觉得快乐或有用的东西。人们可以将自己的经验与别人的经验结合起来，创造出不同于任何人的一套方法，应用在生活的各个方面。有人能够改变心态，使痛苦化为快乐或使快乐化为痛苦。

当出现问题时，你要把自己关注的焦点放在寻求解决办法上，也就是所要的结果上，千万不要沉溺于问题本身。

许多人都有改变自己的意向，可是不知道该怎么做。其实要改变自己，最快的方法就是改变自己的想法和关注的焦点。

若一部电影很烂，你会不会一再去看？答案是否定的。可是，为什么你经常会回忆那些不开心的事呢？就算情况真的很糟，你也必须把关注的焦点放在自己能做、能掌握的部分上，这样你才能感到轻松愉快，鼓起继续做下去的勇气。

如果你想让心情马上好起来，那你就把思想放在曾经使你快乐的事情上。你也可以把思想放在你的梦想上，提早感受你实现它时的兴奋与快乐，它可以带给你付诸行动的干劲。

假如你去参加一个宴会，随身带了一部摄影机。整个晚上，如果你把镜头一直对向大厅左侧一对正在争吵的夫妻身上，那么你也会变得不快乐。由于你一直看着他们争吵，所以你心里可能会产生这样的念头：真是糟糕的一对，好好的宴会都被破坏了。

然而，如果你整个晚上都把镜头对向大厅的右侧——那里围

205

高手复盘

坐着一群高声谈笑的宾客,那么若有人过来同你攀谈,请你说说对这场宴会的感觉,相信你一定会说:"这场宴会真是棒极了!"

人们可以从很多角度去观察一个事物,有的人却只看消极而无法控制的那一面。

心理学家认为,除非人们能改变自己的情绪,否则通常不会改变自己的行为。人们常常逗眼泪汪汪的孩子说:"笑一笑呀!"孩子可能先是勉强地笑了笑,然后就真的开心起来了。这就是行为改变导致的情绪改变。

一个人在烦恼的时候,可以多回忆愉快的事情,用微笑来激励自己。高声朗读也是不错的方法,注意读书时要有表情,并且要选择能振奋精神的作品而非忧郁之作。当感到焦虑、抑郁的时候,你可以玩一个搞笑的游戏或看一场滑稽的电影。你一定要放声大笑,这样往往能收到奇效。

假使暂时没有这个条件,你可以借鉴复盘的方法,从大脑中提取类似的记忆,用有意识的动作来改变心情,用心情来改变行为。这是帮助你度过生活中的困难时刻的有效方法。英国小说家艾略特(George Eliot)曾写道:"行为可以改变人生,正如人生应该决定行为一样。"如果你能记住这句格言并遵照它去做,你就能获得更充实、更快乐的人生。

◉ 避免和战胜失望情绪

一位女记者偶然去了一趟藏北高原,发现那里有些人拖家带口,靠啃牦牛骨头度日。她大生恻隐之心,深表同情。没想到,他们反而对女记者说:"你一年到头背井离乡的,也不知为什么奔波,你才真的惨呢!"

对于一种生活状况,你认为对方过得悲惨,但对方可能自我感觉良好,活得有滋有味。你能说清楚什么样的生活才是幸福的生活吗?

在日常生活中,我们可能会见到乐观的人、悲观的人。为什么人与人有如此大的区别呢?原因是每个人的处世态度不同。

一家卖甜甜圈的商店门前有一块招牌,上面写着:"乐观者和悲观者的差别十分微妙。乐观者看到的是甜甜圈,而悲观者看到的则是甜甜圈中间的小环。"

这句话透露了快乐的本质。

事实上,人们眼睛见到的,有时并非事物的全貌。很多时候,人们只愿意看见自己想看的东西。乐观者和悲观者看到的东西不同,因而对同样的事物,就有了两种不同的态度。

烦恼的情绪与生活中的不幸并没有必然的联系。人们在生活中碰到的一些不如意的事情,仅仅是可能引起烦恼的外部原因之一。烦恼者应当从内心去寻找烦恼情绪的根源。大部分终日烦恼的人,实际上并不是遭遇了多大的不幸,而是在自己的内心和对生活的认识上存在某种缺陷。乐观的人即使处在一些烦恼的环境中,也往往能够寻找快乐。因此,当受到烦恼情绪侵扰的时候,你应当问一问自己为什么会烦恼,从内心深处找一找烦恼的原因,以便从心理上适应周围的环境。

高手复盘

任何时候，我们都可以改变对事物的认知和自己的心情。实际上，并不是所有在生活中遭受磨难的人，在精神上都会烦恼不堪。经历过挫折的人在面对生活的磨难、不幸的遭遇时，往往会付之一笑，看得很淡；倒是那些平时生活安逸平静、轻松舒适的人，稍微遇到不如意的事情，便会大惊小怪。

具有乐观、豁达性格的人，无论在什么时候，都能感到光明、美丽和快乐的生活就在身边。快乐的心情像一股永不枯竭的清泉。有人把快乐的心情比作蔚蓝的天空，它是一首永无休止的欢歌。

乐观、豁达的性格并不是天生的，正如其他生活习惯一样，这种性格是可以通过训练和培养来获得或得到加强的。你是经常看到生活中光明的一面还是黑暗的一面，这在很大程度上决定着你对生活的态度。生活是具有两面性的，关键在于你怎样去审视生活。

通过对那些幸福快乐人士的经历进行复盘，你可以得到如下一些避免和战胜失望情绪的基本策略。

1. 评估和接受最坏的情况

生命并不是一帆风顺的幸福之旅，它时时摆动在幸福与不幸、沉与浮、光明与黑暗之间。你不能像鸵鸟一样把头埋在沙堆里面，拒绝面对各种麻烦，而麻烦也不会自行消失。苦难是人们生活的一部分。实实在在地去面对，才是正确的、可取的方法。

当你烦恼时，不妨问问自己，最坏的结果是什么，然后接受这个最坏的结果，再镇定地想办法改善它。这样你就可以在很大程度上淡忘烦恼和痛苦。

2. 尽快从失望中恢复过来

为了从失望中恢复过来,你先要承认受到了创伤和打击,不要掩饰它;然后,你可以允许自己难过一小段时间,并进行反思;接着,你需要对所受的损失进行一定的分析——这是最难的。你必须认识到:失望只是自己内心的感受;尽管失望是难免的,但你可以通过积极的思维方式来应对;你可以尝试寻找事情中的积极方面,并将注意力转移到已经取得的成就或该有的进展上。

3. 使令人失望的事变成有意义的机会

失望是一种对期望和意愿的反馈,同时也是一个学习的机会。令人失望的事可以成为一次有积极作用的经历,因为它用事实给你上了一课。它就像早晨洗脸用的冷水,能使你清醒过来,正视现实生活。它提醒你重新考量自己的期望和意愿,以便使其更加切合实际。令人失望的事情还可以促使你付诸行动或者改变自己的作风。换句话说,它可以成为帮助你成长的良师益友。

你可以通过反思失望的原因、分析导致失败的因素,并通过复盘来改善自己的行为和习惯。在这个过程中,你可以认识到自己的缺点和不足,为自己的成长提供机会,为获得幸福的人生减少障碍。

◉ 别让忌妒心理影响你的心情

某法院曾经审理过这样一个案件。某知名大学心理学系的一位女大学生，将同宿舍的一位同学推上了被告席。原告与被告原本关系不错，是该系的一对"姐妹花"。两人的成绩不相上下，因此彼此喜欢在暗中较劲。到大三的时候，两人都参加了托福和留学研究生入学考试（GRE）。

原告的成绩较理想，遂向美国一所著名大学提出申请，不久被告知每年可获得近 2 万美元的奖学金。原告高兴万分，等待学校发出正式的录取通知书。

被告却考砸了。看到原告兴高采烈的模样，她心中更加不爽。她越想越气，就生出了一条计策……

原告左等右等，迟迟不见录取通知书的到来，就托在美国的同学去该校打听。校方说，曾经收到她发来的一封电子邮件，表示拒绝来校，因此校方只好将名额转给别人。原告听说这一消息，如五雷轰顶，无论如何都想不明白这到底是怎么回事。后来，她多方调查，才发现是被告盗用了她的电子邮箱，在心理学系的机房发了那封拒绝函。因此，她怀着愤怒的心情，将同宿舍的同学告上了法庭。

是什么造成了这个案件中的两位同学反目成仇？归根结底，是忌妒心。

忌妒心作为一种病态心理，不仅影响人际关系，还危害人们的身心健康。医学专家经过调查发现，忌妒心弱的人，在 25 年中只有 2.3% 的人患心脏病，死亡率也仅占 2.2%。相反，忌妒心强的人，同一时期有 9% 以上的人得过心脏病，死亡率高达 13.4%。据统计，忌妒心强的人，还很容易患头痛、高血压、神经衰弱等病症。医学专家还发现，大部分忌妒心强的人会引发一些身体上的病症，比如胃痛、背痛、行动失控等。

所以，有些国家在多年前就把忌妒心理列为一种可以享受免费医疗的疾病，与麻风病同等待遇。

那么你是不是存在忌妒心理？这种心理严重到什么程度？你需要在哪些方面做出改变？你可以借助复盘的方法，结合如下问题进行自检自测：

- 当你熟悉的人成就很大时，你会感到不舒服吗？
- 如果他人拥有你梦寐以求的东西，你会想从他们身边夺走这些东西吗？
- 你希望比你优秀的人失去他们的优势吗？
- 你是否感到其他人比你生活得更舒适？
- 当你的恋人在看他（她）以前恋人的照片时，你会感到生气吗？
- 你喜欢讲挣钱比你多的同事的坏话吗？
- 当你的竞争对手遭遇不幸时，你会感到开心吗？
- 你有过因为攀比而购买自己并不需要的东西的经历吗？

如果你对以上八个问题的答案有一半是肯定的，就可以判定你有一定的忌妒心理；肯定的答案越多，你的忌妒心理越强。当然，测试结果仅供参考。如果你觉得自己的忌妒心理严重影响了自己的情绪与生活，你可以考虑寻求专业人士的帮助。

高手复盘

假如你想自己解决忌妒心理的问题,可以参考如下建议。

1. 与对手进行公平竞争

理想的忌妒心理打消法,是与对手进行公平竞争,靠自己的努力获得成功。这是一种打消忌妒心理的积极方法。

你可以通过复盘,明确自己和对手相比差在哪里,思考怎么做才能够使自己超越对手。你要唤醒自己的积极忌妒心理,勇敢地向对手挑战,与对手进行公平竞争。积极忌妒心理必然会产生自爱、自强、自奋、竞争的行动和意识。当你发现自己正在隐隐地忌妒一个很能干的同事时,你不妨多问几个"为什么"和"结果如何"。在你得出明确的结论之后,你会大受启发。长时间地受忌妒之火的折磨和煎熬,会使你身心疲惫。想要赶超他人,你必须下定决心,在学习或工作上努力付出,以求得事业上的成功。你不妨借助忌妒心理,越过情绪去奋发努力,从而升华这股忌妒之情,建立强大的自我意识,增加竞争的信心。

2. 使自己达观些

所谓达观,是指对不如意的事情看得开。当然,达观不是轻易可以做到的。想要做到达观,你要舍弃无用的意念,尽量使自己面对现实。

在感到"眼红"的时候,你可以试着改变思路,多想积极的一面,理解对方成功背后所付出的努力及其奋斗精神,真心地祝贺对方,并用对方的成功激励自己。

一个善于宽容、体谅他人,心地善良、心气平和以及具有克制力和忍耐力的人,总能找到生活中的幸福。或者说,一个人幸福与否在很大程度上取决于这些良好的品格。

3. 采用"精神胜利法"

在鲁迅的小说中，阿Q总是处于劣势，他却总能通过"精神胜利法"来安慰、麻痹自己，从而获得一种虚假的优越感。"精神胜利法"实际上是一种心理防御机制，它强调个人内心的力量和积极的心态对于应对困难与克服挑战的重要性。当受到忌妒心理侵扰的时候，你可以通过人为调高对自己的认知和评价来缓解自卑与沮丧的情绪，从而维护自己的自尊心和自信心。

如果别人所取得的成绩令你感到不快，你就尽量不要经常跟那些在某些方面超过你的人作比较。当你的忌妒之火燃起时，不妨看看周围那些不如你的人，你肯定会感激自己所拥有的一切。你要学会感恩，不要一味地羡慕别人所拥有的，而要真诚地感激和珍惜你所拥有的。感恩会让你感到幸福和快乐。

需要指出的是，这种精神胜利法只能作为一种暂时调整心态的手段来使用，不能长期使用，否则它可能会成为一种精神鸦片，让你变得越来越封闭，越来越落后。

更有效的办法是经常进行认真的自我复盘，跟自己的过去作比较，看今天的自己比昨天的自己进步了多少，认真思考还可以在哪些方面取得更大的进步。这样做更容易让你感到开心，而且不影响你不断开创美好的生活。

> 高手复盘

⦿ 怨天尤人消除不了不公平现象

洪应明在《菜根谭》中写道:"人之际遇,有齐有不齐,而能使己独齐乎?己之情理,有顺有不顺,而能使之皆顺乎?以此相观对治,亦是一方便法门。"意思是说:每个人的际遇各有不同,机遇好的,可施展抱负,干一番事业;机遇坏的,虽有才华,却一事无成。在各种不同的情况中,人怎么能要求自己一定有好的机遇呢?人的情绪有好有坏,有稳定的情绪,也有浮躁的情绪,人怎么能要求自己事事都顺心呢?心平气和地对照观察、设身处地地反躬自问,是领悟人生道理、提高自身修养的途径。

人生的境遇千差万别,心理状态各不相同,所谓"人心不同,各如其面"。财富、地位、健康等,都是人们希望得到的,会直接影响人们的情绪。但是人们很难得到全部,所谓"人生不如意事常居八九"。一个人事业成功与否,一半靠自己的主观努力,另一半靠客观机遇。

一个修身自省的人不会因为个人的"顺与不顺""齐与不齐"而一味地怨天尤人,而会通过复盘等手段,检讨自身,思考对策,提高自己适应生活、发展自我的能力。具体可参考如下建议。

1. 停止抱怨,思考对策

人们都渴求公平,一旦感觉到自己没有得到公平的对待,就会表现出不愉快。讲求正义、寻求公平,本身是一种正常的心理和行为。但是，如果你一味追求正义和公平，不能如愿便消极处世，就进入了一个误区。

公平不是一个常量，而是一个变量。它是一种平衡状态。这种状态受客观环境的制约，也受个人内心状态的影响。

不必事事苛求公平。人的心理受到伤害的原因之一，就是要求每件事都公平。其实，你不必拿着一把公平的尺子去衡量所有事。你应该停止抱怨，通过复盘去分析原因、思考对策，设法通过自己的努力来求得公平。

2. 多找自身原因

美国心理学家亚当斯（Stacy Adams）提出一个"公平理论"，认为职工的工作动机不仅受自己所得的绝对报酬（实际收入）的影响，而且还受相对报酬（与他人相比较的收入）的影响。人们会自觉或不自觉地把自己付出的劳动与所得报酬同他人进行比较，如果觉得不合理，就会感到不公平，从而导致心理不平衡。

孟子说："行有不得，反求诸己。"意思是，如果事情做不成功，遇到了挫折和困难，或者人际关系不好，或者受到别人的冷遇、指责、误解，要多自我反省，多从自己身上找原因。

在复盘的过程中，你可以将自己所感受到的各种不公平现象全部列出来，将这些现象作为下一步采取切实行动的出发点。你可以向自己提出这样一个重要的问题：这些不公平现象会因为我的愤慨而消失吗？答案显然是否定的。努力消除致使你烦恼的情绪，你便可以逐步走出过分寻求公平这一误区。

比如，当你在职场中遇到了不公平的事情时，你可以反思：

高手复盘

自己在职场中扮演了什么角色？发挥了什么作用？给公司做出了什么贡献？公司到底有没有亏待自己？自己感觉不公平的真正原因是什么？

又如，你工作三年没有升职，而新来的同事工作一年就获得了晋升机会，这不一定是领导对你有偏见，可能是领导更看重能力和业绩，而不仅仅是工龄。

为了减少或淡化不公平的感觉，你还可以从内心主动改变衡量公平的标准。不公平有时是一种进行比较后的主观感受，因而只要你改变一下比较的标准，就能够在心理上消除不公平感。比如，你这次没有评上职称，觉得很不公平。但是如果换一个角度想想，你可能会发现这次职称评选的名额有限，许多和自己条件一样甚至比自己好的人也没评上。这样一想，你也许就心平气和了。

3. 不必追求绝对公平

从某个角度来说，不公平现象是客观存在的。在感到不公平、觉得自己无能为力的时候，你可以进行自我复盘，借此提高自己的认知水平和能力，从而提高自己对生活的满意度。

学会转变自己的想法，适应这个世界是非常重要的。想法转变了，生活就会转晴了。

⦿ 陶醉在工作中

一位作家开车路过一片拆迁工地。他看到一个工人开着推土机，把一座老房子像推倒稻草垛一样推倒了。

作家停好车，问开推土机的拆迁工人："这机器有多少马力？"

工人漫不经心地回答："60马力。"

作家惊讶地大声问："只有60马力？"

"让你很惊奇，是吗？"工人笑了笑，"很多人都有类似你的疑惑。你是不是发现，你驾驶的小汽车的动力是这辆推土机动力的好几倍。"

"是的，"作家说，"我的汽车排量并不大。"

工人说："还有一点，你的车速是这辆推土机的10倍，消耗1升燃油行驶的路程是它的10倍。"

作家说："但我的汽车却不能推倒房屋。"

"这是因为传送带，"工人解释说，"传送带靠齿轮传送力量。推力的大小不在于拥有多少马力，而在于你怎样有效地利用它。"

告别了工人，作家反复回想他说的那句话："推力的大小不在于拥有多少马力，而在于你怎样有效地利用它。"这就是问题的关键所在。如果不能有效利用，动力是会被浪费的。除非你挂上挡，把动力传送给车轮，否则，汽车就只能整日停在那里，最终耗尽汽油。

进而，这位作家联想到自身：我的智力是多少马力？才能呢？性格呢？品行呢？毅力呢？我正确使用自己的才华了吗？我的能力得到充分发挥了吗？我怎样才能做得更好呢？

经过多次复盘，结合自身经验和了解成功人士的经验，这位

> 高手复盘

作家认识到，要想使自己的能力得到充分发挥，要想做得更好，最关键的是要有热情。一个人有了热情，相当于汽车挂上了挡，强大的动力才能发挥作用。

热情是一个人由于对某种事情的极大兴趣和爱好而形成的某种专注态度。热情是你做好工作的关键。没有对工作的极大的热情、兴趣，你就很难做出大的成绩。你对工作充满热情意味着你会全身心投入工作，这是一种崇高的境界。

这位作家的认识是十分有见地的。黑格尔说："没有热情，世界上没有一件伟大的事能完成。"美国某杂志进行过一项调查，他们采访了两组人，第一组是高水平的人事经理和高级管理人员，第二组是商业学校的毕业生。他们询问这两组人，什么品质最能帮助一个人获得成功，两组人的共同答案是"热情"。

一桶汽油如果不被点燃，那么无论它的品质多么好，也不会发出半点光，放出一丝热。而热情就像火花塞，它能把你具备的多项能力和优势充分地发挥出来，给你带来巨大的动力。

成功者和失败者在智力方面相差并不大。如果两者的能力差不多的话，那么对工作充满热情的人，相对来说更容易成功。

一个充满热情的人，无论是在工地挖土，还是在经营公司，都会对自己的工作怀着极大的兴趣；一个充满热情的人，无论在工作中遇到多大困难，都会不急不躁地面对，直到实现目标。

那么，怎样才能培养对工作的热情呢？在对许多伟人和名人的成功经验进行复盘后，可以总结出如下三个重要的方法。

1. 全面了解自己的工作及其意义

有的人觉得自己只是依附在一部大机器上的一个齿轮,并不知道自己特定工作的重要性。

有人问两个在一起工作的人,他们正在做什么,其中一个回答"我正在砌砖块",而另一个人回答"我正在建造一栋科技大厦"。

了解一项工作可以增加对这项工作的热情。本杰明·富兰克林小时候就懂得如何运用这个方法。那时候,他在一家臭烘烘的肥皂工厂里打杂。他竭尽所能地了解整个制造过程,对自己为成品所做的微薄贡献感到相当满意。

工厂在培训推销员的时候,一般会把产品的制造细节告诉他们。虽然这些知识在推销的时候很少派上用场,但是彻底了解自己的产品可以使推销员在为顾客推销产品的时候更有权威和热情。

你对任何一件事知道得越多,就会对它产生越强烈的热情。如果你对自己的工作不够热情,可能是因为你对自己的工作了解得不够多,也可能是因为你不了解自己对整体工作所做的贡献?

2. 每天给自己加油打气

许多成功人士都发觉这是个激发热情的好方法。有位新闻分析家说,他年轻的时候在法国做推销员,由于每天要走访一户又一户的人家,所以每天出发以前,他都会对自己说一番勉励的话。

某位魔术大师常在他的化妆室里跳上跳下,一次又一次地大声喊道:"我爱我的观众。"直到血液沸腾起来,他才走到舞台上,呈现充满活力和激情的表演。

如果你也想让自己充满热情的话,不妨每天早上对自己说:"我爱我的工作,我要把我的能力完全发挥出来。我很高兴这样活着——我今天要热情满满地活着。"

3. 全身心地投入自己的工作

罗斯金(John Ruskin)说:"来到这个世界上,做任何事都要全力以赴。"即使是最不起眼的工作,也有人能从中体验到快乐与满足。比如,即使是补鞋这么平凡的工作,也有人把它当作艺术来做,全身心地投入。不管是打一个补丁还是换一个鞋底,他都会一针一线地精心缝补。他热爱这项工作,不是总想着从修鞋中赚多少钱,而是希望自己的手艺更精湛,成为当地最好的鞋匠。

正是富有诗意的心态、乐观的精神、饱满的生活热情,使得一个人能把枯燥乏味的日常工作看成充满激情与成就感的事业。

全身心投入工作,你会得到"忘我"的快乐,这种快乐是因循苟且者永远享受不到的。一位心理学家研究了175名职业棋手、舞蹈家和运动员,问他们为什么能陶醉在工作中。是因为可以得到名利,还是因为想赢?结果答案是,他们都全心扑在事业上,完全没想到名利和输赢。

每个人都可以成为生活的艺术家。想要活出热情,就要找到你爱做的事,然后全力以赴。无论是否能得到金钱上的回报,你都能坚持到底,这才是面对生活的最好态度。

第六章　重塑对生活的态度

◉ 学会享受简朴、单纯的生活

美国 19 世纪著名作家、自然主义者、改革家和哲学家亨利·梭罗（Henry Thoreau），是一个追求真理、追求真实生活、热爱自然的人。1845 年春，28 岁的他在瓦尔登湖的湖滨建起木屋，开始过着与自然融为一体、自给自足的半隐居生活。

在这里生活的两年中，他结合对世界进行的深刻思考，对自己的人生进行了全面的复盘，写出了名著——《瓦尔登湖》。这本书在美国文学史中被公认是最受读者欢迎的非虚构作品之一。在四季循环更替的过程中，梭罗详细记录了自己在两年多时间里的所见、所闻和所思，内心的渴望、冲突、失望和自我调整，以及调整过后再次渴望的复杂的心路历程。这种几经循环的心路历程和他所做出的一切努力，正是我们一直在讲述的复盘。

梭罗博物馆曾在互联网上做过这样一个测试，题目是：你认为亨利·梭罗的一生很糟糕吗？

为了便于不同语种的人识别和点击，他们在题目的下面贴出了 16 面国旗。几个月后，共有将近 47 万人参加了测试，其结果是：92.3% 的人点击了"否"；5.6% 的人点击了"是"；2.1% 的人点击了"不清楚"。

这一结果非常出乎主办方的意料。大家都知道，梭罗毕业于哈佛大学，但他没有像他的大部分同学那样去经商发财、进入政

> 高手复盘

界或成为明星，而是选择了在瓦尔登湖过着原始而简朴的生活，住在自己搭建的小木屋里，开荒种地，看书写作。除了少量的作品，他并未取得什么大的成功；寿命也不太长，44岁时因患上肺病在康科德孤零零地告别人世。

是什么原因使人们不认为梭罗的一生很糟糕，甚至羡慕梭罗呢？为了搞清楚其中的原因，梭罗博物馆通过网络首先联系了一位商人。商人是这样回答的："我从小就喜欢印象派大师高更的绘画，我的愿望就是做一位画家。可是为了挣钱，我却成了一个画商，现在我天天都有一种走错路的感觉。但梭罗不一样，他喜爱大自然，就义无反顾地走向了大自然。我觉得他是幸福的。"

后来他们又访问了其他一些人，比如银行的经理、饭店的厨师、牧师、学生和政府职员等。有人这样留言："别说梭罗的生活，就是凡·高的生活，也比我们现在的生活更值得羡慕，因为他们都活在自己该活的领域，做着自己天性中该做的事。他们是自己真正的主人。而我却在为了过上某种更富裕的生活，在烦躁和不情愿中日复一日地忙碌着。"

我们羡慕梭罗，其实是羡慕他抛开一切世俗名利，为自己的喜好而活着；我们羡慕梭罗，是因为我们也想像他那样去生活，去享受一种简朴、单纯的生活。

诗人爱默生说过："没有一件事比伟大更为单纯；事实上，单纯就是伟大。"简朴、单纯的生活有利于清除外在物质与生命本质之间的樊篱。为了生活得更加快乐，我们应该从清除杂念开始，认清我们生活中出现的一切——哪些是我们必须拥有的，哪

第六章 重塑对生活的态度

些是必须丢弃的。

除了梭罗，还有很多人想要过简朴、单纯的生活，并进行了实践。

爱琳是投资人、作家和地产投资顾问，已经奋斗了十几年。有一天，她坐在自己的写字台旁，呆呆地望着写满日程安排的工作表。突然，她意识到自己再也无法忍受这种生活了。在对自己的人生进行复盘后，她做出了决定：我要开始过简单的生活。

爱琳先把自己需要从生活中删除的事情列出一张清单，然后她采取了一系列大胆的行动。首先，她取消了所有预约电话；其次，她停订了所有杂志，并把堆积在桌子上的所有没有读过的杂志都清除掉了；最后，她注销了一些信用卡，以减少每个月收到的账单。通过改变日常生活和工作习惯，她的房间和草坪变得更加整洁。

她说："因为受习惯生活方式的影响，你每天有多少活动是勉强而为之的？那些习惯和程式化的活动是否让你的日常生活落入浪费时间、浪费精力的陷阱？我现在活得更潇洒了，因为我再也不试图去做所有的事情。那些对艺术领域和科学领域做出过卓越贡献的人，比如毕加索、莫扎特、爱因斯坦等，都生活在极为简单的生活之中。他们全神贯注于自己的主要领域，挖掘内在的创造源泉，收获了丰富精彩的人生。"

我们也可以对自己的生活进行全面的复盘，摒弃那些多余的东西，不要让自己迷失方向，用自己的主要时间和精力去做自己真正希望去做的事情。

高手复盘

有一年，理查和一群好友去东非探险。当时，该地区发生了严重的旱灾。理查的行囊中塞满了食品、切割工具、衣物、指南针、观星仪、护理药品等，他认为这样可以为旅行做好万全之备。

当地的一位土著向导检视完理查的背包之后，突然问了一句："这些东西会让你感到快乐吗？"

理查愣住了，这是他从未想过的问题。理查开始问自己，结果发现，有些东西的确会让他很快乐；但是，有些东西实在不值得他背着走那么远的路。

理查决定取出一些不必要的东西送给当地村民。接下来，因为背包变轻了，他感到自己不再受束缚，旅行变得更愉快了。理查因此得出一个结论：生命里填塞的东西越少，人就越能发挥潜能。从此，理查学会在人生各个阶段定期进行复盘，以便发现生活中不必要的东西或追求，随时寻找减轻负担的方法。

生命的进行就如同参加一次旅行。你可以列出清单，决定背包里该装些什么。记住：在每一次停泊时都要清理自己的口袋——决定什么该留，什么该丢，把更多的位置空出来，让自己活得更轻松、更自在。

你一定有过年前大扫除的经验吧。当你一袋又一袋地打包淘汰物品时，是不是惊讶自己在过去短短一年内，竟然累积了那么多东西。你是不是后悔自己没有定期花时间整理，清理一些不再需要的物品，否则，如今你就不会累得腰都直不起来了。

大扫除的懊恼经验，说明了一个道理：人一定要随时清理、淘汰不必要的物品，这些物品才不会在日后变成沉重的负担。

人生亦如此。在人生路上，每个人也在不断地累积，包括名誉、地位、财富、亲情、人际关系、知识等，当然也包括烦恼、郁闷、挫折、沮丧、压力等。这些东西，有的是早该丢弃而未丢弃，有的则是早该储存而未储存。

现在，请你对自己的生活进行一次全面的复盘吧。

- 你是不是每天忙忙碌碌，把自己弄得疲惫不堪，以至于总是没时间静下来，思考自己的人生？
- 你到底在追求什么？哪些是必要的？哪些不是必要的？
- 生活中有哪些东西发挥不了任何作用，已经成了你的累赘，必须立刻放弃？
- 你想追求什么？你能追求什么？你该追求什么？你怎么去追求？

如果你在人生中总是有很多疑惑，并且感觉不知道从哪里寻求正确的答案，可能是因为你还没有养成复盘的习惯。

复盘是一个人在成长中不断完善自我、追求幸福人生的必经之路。复盘的重点不在于找到问题，而在于找到出现问题的根源，并寻求有效解决问题的办法。复盘不仅要关注过程，还要关注分析和结果，关注经验的总结和归纳，关注怎样才能在未来做出更好的决策，以及如何去实施。复盘不是单次活动，而是一个持续不断的过程，只有坚持去做、反复去做，才能取得最优效果。

复盘是一件比较简单的事。但是，长期坚持把一件简单的事

> 高手复盘

做好就是不简单，把一件平凡的事做好就是不平凡。每一个平凡的日子和工作的细节中都蕴含着成功的哲理与机遇。如果你习惯于随时思考刚刚发生的事情，预测和控制将要发生的事情，那么通过不懈的努力，你一定会获得理想的人生。